ZWANGLOSE ABHANDLUNGEN AUS DEN GRENZGEBIETEN DER
PÄDAGOGIK UND MEDIZIN

HERAUSGEGEBEN VON
TH. HELLER-WIEN UND † **G. LEUBUSCHER**-MEININGEN

HEFT 6

LÜFTUNG UND HEIZUNG IM SCHULGEBÄUDE

VON

Dr. M. ROTHFELD
STADTSCHULARZT IN CHEMNITZ

BERLIN
VERLAG VON JULIUS SPRINGER
1916

ISBN 978-3-642-98284-2   ISBN 978-3-642-99095-3 (eBook)
DOI 10.1007/978-3-642-99095-3

Am 27. Februar 1916 ist mein getreuer Mitarbeiter, Herr Regierungs- und Geheimer Medizinalrat

PROFESSOR DR. GEORG LEUBUSCHER

nach schwerem Leiden sanft entschlafen.

Die Verdienste des Verstorbenen um das gesamte Gebiet der Schulgesundheitspflege, besonders um die Ausgestaltung der schulärztlichen Institution, sichern ihm einen Ehrenplatz in der Geschichte des deutschen Schulwesens. Mit Freude und Begeisterung hat sich Leubuscher an der Begründung der Zwanglosen Abhandlungen aus den Grenzgebieten der Pädagogik und Medizin beteiligt. Von dem Grundsatz ausgehend, daß ein zielstrebiges Zusammenarbeiten von Ärzten und Pädagogen nur dann möglich sei, wenn beide volles Verständnis für die in Betracht kommenden Aufgaben besitzen, wollte er die Probleme, welche sich bei diesem Zusammenwirken in wissenschaftlicher Hinsicht ergeben, in gediegenen, von ersten Fachautoritäten behandelten Aufsätzen dargestellt wissen. Es gelang ihm, gleich anfangs eine Anzahl hervorragender Autoritäten zu gewinnen, welche die ihnen gestellten Aufgaben in mustergültiger Weise lösten. Die Zustimmung, die unser Unternehmen schon nach dem Erscheinen der ersten Hefte von pädagogischer und von medizinischer Seite erhielt, erfüllte Leubuscher mit Genugtuung und Freude, und weitausholend war das Programm, das er nach den Anfangserfolgen für den Ausbau des Unternehmens entwarf.

Mit Beginn des Weltkrieges war eine Unterbrechung in unserer gemeinsamen Arbeit eingetreten. In dem letzten Briefe, den Leubuscher an mich richtete, gab er der Hoffnung Ausdruck, daß wir nach dem Kriege unser Unternehmen in gleichem Geiste fortsetzen und das Programm verwirklichen werden, das er mit Umsicht und Sorgfalt entworfen hatte.

Sein Tod hat diese Hoffnung auf gemeinsame Arbeit vernichtet. Mir aber erscheint es als Ehrenpflicht, sein Vermächtnis getreu zu erfüllen und nach der Rückkehr der Menschheit zu friedlicher Kulturarbeit die Zwanglosen Abhandlungen aus den Grenzgebieten der Pädagogik und Medizin weiterzuführen nach den Wünschen und dem Willen des Verewigten, dem ich nicht besser Dankbarkeit und Freundesliebe über das Grab hinaus erweisen kann.

Wien-Grinzing, April 1916.

Dr. Theodor Heller.

Inhaltsverzeichnis.

Lüftung und Heizung im Schulgebäude haben gemeinsam die
Aufgabe, den Aufenthalt der Schulinsassen in den Schulräumen von den Einflüssen der Außenwitterung unabhängig zu machen, ferner Nachteile, die der Aufenthalt
größerer Menschenmassen in geschlossenen Räumen
für den einzelnen haben kann, zu verhüten oder zu beseitigen.

Die Luft erleidet bei Ansammlung von Menschen in begrenzten
Räumen Veränderungen, die mit der Zeit den Ort zu längerem
Verweilen ungeeignet machen. In Schulen liegt die Gefahr der
Luftverschlechterung aus zwei Gründen besonders nahe:

1. die gerade in Schulzimmern so häufig anzutreffende Raum-
überfüllung;

2. die persönlichen Eigenschaften der Schulkinder.

Nach der Statistik von 1911[1]) ist der 5. Teil aller preußischen
Schulen überfüllt, wenn eine Klassenbesetzung mit 80 Kindern
noch als zulässiges Maximum angesehen wird. Die noch geltende
preußische Verordnung für ländliche Volksschulen von 1895 erlaubt noch für einklassige Schulen eine Maximalbesetzung von 80,
für mehrklassige von 70 Kindern! Es hatten, nach der Reichs-
statistik von 1911, in Preußen:

1. in einklassigen Landschulen

	auf dem Land	in Städten	im ganzen Staat
mehr als 80 Kinder	541 Klassen	9 Klassen	550 Klassen
durchschnittliche Be- setzung der Klassen	87 Kinder	84 Kinder	87 Kinder;

2. in den übrigen Volksschulen

	auf dem Land	in Städten	im ganzen Staat
mehr als 70 Kinder	2915 Klassen	250 Klassen	3165 Klassen
durchschnittliche Be- setzung der Klassen	74 Kinder	74 Kinder	74 Kinder.

---

[1]) Vgl. Stroede, Zeitschr. f. Schulgesundheitspfl. 1913, 3. — Viertel-
jahrshefte zur Statistik des Deutschen Reiches, 21. Jahrgang, 4. Heft,
S. 203—227.

Unter 48 deutschen Großstädten hatten 1911/12

    36 Städte Volksschulklassen mit 61—70 Kindern,

    18 Städte Volksschulklassen mit über 70 Kindern[1]).

Und nun die persönlichen Eigenschaften der Schüler.

Es sind Kinder mit all ihren Vorzügen und ihren Fehlern, heiter, oft ausgelassen fröhlich, sorglos; junge Menschen, die erst lernen sollen, sich in eine Gemeinschaft zu fügen und denen es noch gar nicht recht in den Sinn will, daß jeder einzelne sich Pflichten auferlegen muß, soll er vom Ganzen keinen Schaden haben. Ob wohl ein Junge nur andern zuliebe es sich schenken wird, auf dem Weg zur Schule erst noch einen Erdhaufen auf der Straße mit seinen Füßen auseinanderzustoßen, oder ob er der Verlockung widerstehen wird, in den zusammengekehrten Straßenschlamm hineinzutreten? Die Schmutzmengen, die er dann ins Schulzimmer hereinträgt, kümmern ihn nicht. Denkt ein Kind daran, daß es seinen Mitschüler schädigt, wenn es sich zu Hause darum drückt, seine Kleider gut zu reinigen? Ebenso sorglos schütteln die Mädchen im Schulzimmer den Schmutz von ihren Röckchen ab. — „Füße abstreichen", steht wohl bald an jeder Schulhaustür angeschlagen, drum ist jenes Gebot aber auch kaum noch Gegenstand kindlicher Aufmerksamkeit. Die Fußabstreicher vor der Tür finden häufig nur deshalb das Interesse der Kinder, weil sie schmal genug sind, daß man gerade noch mit einem großen Schritte darüber hinwegschreiten kann; dies liegt so manchem kindlichen Sinn viel näher, als das Nachdenken über den gesundheitlichen Wert des Fußabstreichens. Und wenn in der Unterrichtspause fröhlich Herz und Sinn, der Lehrer aber nicht gerade in Sicht, wie tollt da die Schar über Flur und Treppe! Und gern wird im Klassenzimmer das fröhliche Treiben fortgesetzt. Ich selbst zähle diese Streiche nicht zu den unangenehmsten Erinnerungen aus meiner Schulzeit! Was kümmerte uns damals die Schulluft! Weiß wohl, daß sie oft so staubig war, daß der Lehrer vor Beginn des Unterrichts zunächst erst einmal die Fenster öffnen ließ; wir aber sahen darin eine angenehme Verzögerung des Unterrichtsbeginnes. Und Beispiele gleicher Art werden jedem aus seiner Schulzeit in hinreichender Menge zur Verfügung stehen. Sicher ist, daß unter solchen Äußerungen des kindlichen Wesens die Luft im Zimmer ganz andere Veränderungen erleidet, als wenn Er-

---

[1]) Schöbel, Statist. Jahrbuch Deutscher Städte, 20. Jahrgang.

wachsene in einem Raume sich versammeln. Schulkinder e n t werten aber nicht nur die Raumluft mehr als Erwachsene, sie sind von ihr auch in ganz anderer Weise abhängig als jene.

Tagaus tagein, stundenlang, wenn auch mit Unterbrechungen durch die Pausen, müssen die Kinder in den Bänken sitzen, nicht immer in bequemer Haltung. Mangel an Bewegung, verbunden mit geistiger Arbeit, können schon für das gesunde Kind Anlaß zu Gesundheitsstörungen geben. Dies vermochte Helwig[1]) am Blutbild deutlich nachzuweisen. Seine Versuche sind um so wertvoller, als bei ihnen etwaige Wirkungen ungünstiger häuslicher Verhältnisse ausgeschlossen waren. Helwig fand auch, daß reichliche Bewegung im Freien und frische Luft sehr bald die Zerfallserscheinungen an den roten Blutkörperchen zum Schwinden bringen konnten, unter gleichzeitiger beträchtlicher Erhöhung der Gesamtzahl der roten Blutkörperchen. Um wieviel mehr muß das große Heer der blutarmen und lungenschwachen Kinder unter den genannten Einwirkungen der Schule leiden! Vermag schlechte Luftbeschaffenheit auf den Körper ungünstig einzuwirken, dann werden jene Kinder ganz besonders benachteiligt sein. Und ihre Zahl ist nicht klein. Durchschnittlich ein reichliches Fünftel der Großstadtkinder ist blutarm. Gerade sie können z. B. durch zu hohe oder zu niedrige Zimmerlufttemperaturen in ihrem Wärmehaushalt empfindlich beeinflußt werden.

Lungentuberkulöse Kinder sind in den Schulen leider keine Seltenheit. Ich sehe hierbei völlig ab von der großen Zahl Kinder mit positiver Pirquetreaktion und will nur die unter deutlichen klinischen Symptomen von Lungentuberkulose erkrankten Kinder berücksichtigen. Deren wurden in den Chemnitzer Volksschulen im Jahre 1911 unter den Schulanfängern 45 festgestellt = 1,1%. Im 3. Schuljahre 96 = 2,08%; im letzten Schuljahre 67 = 1,40%. 24 dieser Kinder hatten bazillenhaltigen Auswurf. Die Menge der lungengefährdeten Kinder, d. h. der Kinder mit Disposition zu Lungentuberkulose, ist ganz bedeutend größer. Jene Kinder besitzen von Hause aus nur unvollkommen die Fähigkeit, kräftig auszuatmen, können also nur mangelhaft die Lungenspitzen von eingedrungenen fremden Substanzen (Kohle, Staub, Bazillen) auf die naturgemäße Weise reinigen. Durch die Sitzhaltung wird dieser Atmungsmangel verstärkt. In anderen Fällen mag die im Wachs-

---

[1]) Helwig, Internation. Archiv f. Schulhygiene. April 1911.

tum zurückgebliebene erste Rippe (Schmorl) oder die Verkürzung des ersten Rippenknorpels (Freund, Hart, Mendelson) Schuld tragen an der Prädisposition der Lungenspitzen für die durch Einatmung entstehende Tuberkulose der Lungen; stets aber muß in solchen Fällen die Sitzhaltung der Kinder verschlimmernd wirken.

Über die Tuberkulosehäufigkeit unter den Lehrern bestehen vielfach irrige Ansichten. Erhebungen über Krankheitshäufigkeit sind auf breiterer Grundlage noch nicht angestellt worden. Für Deutschböhmen berechnet Altschul auf Grund amtlichen Materials die Tuberkulosemorbidität auf 8,26 $^0/_{00}$ der gesamten aktiven Lehrpersonen (5,83 $^0/_{00}$ Lehrer, 14,35 $^0/_{00}$ Lehrerinnen[1]). Die Tuberkulosesterblichkeit ist bei den Lehrern nicht ungünstiger als bei anderen sozial ähnlich gestellten Bevölkerungsschichten. Lorenz stellte fest, daß die Tuberkulosesterblichkeit der Lehrerschaft vor allem von sozialen Momenten abhängt. Nach den Mitteilungen der „Sterbekasse deutscher Lehrer"[2] starben in der Zeit vom 1. Januar 1897 bis 31. Dezember 1912 247 Lehrer an Tuberkulose, davon 140=56,6% an Lungentuberkulose, 26=10,5% an Kehlkopftuberkulose. Mögen diese Zahlen im Vergleich zur Tuberkulosesterblichkeit anderer Berufe auch keine besonders hohen sein, so verdienen sie für die Schulhygiene immerhin ernste Beachtung, denn unter den an Tuberkulose gestorbenen Lehrern haben zu Lebzeiten sicher eine ganze Reihe tuberkelbazillenhaltigen Auswurf gehabt und beim Husten mit feinsten Schleimtröpfchen zahlreiche Tuberkelbazillen in die Luft gebracht. Mit solchen Schleimtröpfchen beladene Luft vermag zu einer großen Gefahr für die Kinder zu werden, wie an anderer Stelle noch zu besprechen sein wird.

Für tuberkulös gefährdete, wie für normale Kinder können auch schon einfache, akute Katarrhe der Atmungswege sehr ernst werden. Für Entstehung solcher Katarrhe kommt der Luftbeschaffenheit große Bedeutung zu (Staubgehalt, Überhitzung usw.).

Wie die Kinder so leiden natürlich auch die Lehrer unter mangelhafter Schulluft; nur sind erstere mehr gefährdet, da sie noch zu unerfahren sind, sowohl um die Gefahren zu erkennen, als um sich dagegen zu schützen.

Alle die geschilderten Sonderheiten des Schulbetriebes und der Schulinsassen geben für Lüftung und Heizung im Schulgebäude

---

[1] „Das österreichische Sanitätswesen" 1913, Nr. 23 u. 24.
[2] Lorenz, Tuberkulosesterblichkeit der Lehrer.

ganz spezifische Aufgaben. Daneben bestehen natürlich noch eine ganze Reihe Forderungen, die z. B. auch in Wohnräumen an Lüftung und Heizung gestellt werden müssen. Vor allem sollen Zusammensetzung der Raumluft, wie ihre physikalischen und chemischen Eigenschaften innerhalb der für den Körper zuträglichen Grenzen gehalten werden. Welche Anforderungen dabei im einzelnen zu erfüllen sind, lehrt ein Überblick über die Eigenschaften und Zusammensetzung der Luft bzw. der Schulluft.

Sauerstoff. Kohlensäure.

Unser Körper ist dauernd darauf angewiesen, Sauerstoff aufzunehmen und Kohlensäure abzugeben. In der Menge des aufgenommenen Sauerstoffes und der abgegebenen Kohlensäure spiegelt sich die Größe der im Körper stattfindenden Verbrennungsvorgänge wieder. Der Sauerstoff wird in der Lunge an das Hämoglobin der roten Blutkörperchen chemisch gebunden; die Sauerstoffaufnahme hängt in ihrer Größe vom Hämoglobingehalt der roten Blutkörperchen ab. Die in der Luft vorhandene Sauerstoffmenge kann schon sehr herabsinken, ehe sie zur Oxydation des im Blute vorhandenen Hämoglobins unzureichend wird.

Die Kohlensäure ist im Blut zu einem geringen Teile physikalisch absorbiert, mehr dagegen chemisch gebunden, besonders an die Blutflüssigkeit und an die Blutkörperchen. Sauerstoff wie Kohlensäure können sich im Blute leicht von ihren Trägern trennen, und zwar werden sie vom Blute stets dorthin abgegeben, wo sie unter geringerem Teildruck stehen. Das gilt für den Sauerstoff in den Geweben, so daß das Blut von dort sauerstoffarm in die Lunge zurückkehrt, wo es von neuem mit Sauerstoff beladen wird. Für die Kohlensäure ist der Teildruck in der atmosphärischen Luft niedriger als im Körpergewebe; daher wird sie in der Lunge an die atmosphärische Luft abgegeben. Wichtig für die Atmung ist also der Teildruck der Kohlensäure in der atmosphärischen Luft, damit die für den Körper notwendige Kohlensäureabgabe ungehemmt erfolgen kann. Wir werden aber später noch sehen, bis zu welcher bedeutenden Höhe der Kohlensäuregehalt der Luft ansteigen kann, ehe Behinderung der Kohlensäureabgabe in der Lunge eintritt, und andererseits, wie gering der Sauerstoffgehalt der Luft sein kann, bevor er unzureichend wird, den für die einzelnen Körperzellen nötigen Sauerstoffbedarf zu decken. Bei Kindern ist, ent-

sprechend dem kleineren Körpergewicht, der Gasstoffwechsel absolut geringer als beim Erwachsenen, relativ aber größer infolge
des lebhafteren Stoffwechsels im kindlichen Körper. Magnus-Levy
und Falk[1]) fanden den Sauerstoffverbrauch des Kindes pro Kilo-
gramm Körpergewicht 1,3—2,7 mal so groß als beim Erwachsenen.

Die trockene atmosphärische Luft enthält:

Sauerstoff . . . . 20,94 Volumenprozent[2])
Kohlensäure 0,03   ,,   ,,

In der Ausatmungsluft beim mäßigen Atmen:

Sauerstoff, ... reichlich 16   Volumenprozent
Kohlensäure, durchschnittlich . 4,21   ,,   ,,

An Sauerstoff werden also etwas über 4 Volumenprozent der
Luft durch die Atmung entzogen, der Kohlensäuregehalt aber
steigt auf das mehr als hundertfache. Bei Muskeltätigkeit nimmt
der Sauerstoffverbrauch und die Kohlensäurebildung zu. Ohne
Einfluß auf den Gasstoffwechsel bleiben aber Zahl und Tiefe der
Atemzüge, abgesehen von den Wirkungen vermehrter Tätigkeit
der Atmungsmuskeln und besseren Entfernung der in der Lunge
bereits vorhandenen Kohlensäure. Speck (l. c.) und andere
konnten ferner zeigen, daß es zwecklos ist, größeren Sauerstoffverbrauch durch Anreicherung der Luft mit Sauerstoff erreichen zu
wollen. Der Sauerstoffgehalt der Luft kann sogar unter 20,94%
bedeutend herabgehen, bevor Gesundheitsstörungen auftreten.
Speck (l. c.) fand, daß Menschen noch in einer Luft mit nur 9%
Sauerstoff verweilen können. Schon der natürliche Luftaustausch,
durch Undichtigkeiten an Fenstern und Türen, durch die Poren
des Mauerwerks, wird in der Schulzimmerluft nie derartigen Sauerstoffmangel entstehen lassen.

In ganz anderem Maße als das Sauerstoff-, wird das Kohlen-
säureverhältnis in der Raumluft durch die Atmung verändert.
Es ist nachgewiesen, daß es bei größeren Menschenansammlungen
in geschlossenen Räumen eher zur Schädigung der Insassen durch
Kohlensäureanhäufung als durch Sauerstoffmangel kommt. Bei
1% Kohlensäuregehalt kann Unbehagen eintreten, bei 10% besteht
Lebensgefahr. Lehmann, Bickel und Herrligkoffer[3]) halten

---

[1]) Magnus-Levy und Falk, Archiv f. Anat. u. Physiol. 1899, Suppl. 314.
[2]) Speck, Physiologie des menschlichen Atmens, Leipzig 1892.
[3]) Lehmann, Bickel und Herrligkoffer, Archiv f. Hygiene *34*,
347. 1899.

freilich noch $1-2^1/_2\%$ Kohlensäure für kräftige Arbeiter, selbst bei jahrelanger Beschäftigung in solcher Luft, für unschädlich.

Über den Kohlensäuregehalt in der Schulzimmerluft sind zahlreiche Untersuchungen angestellt worden, besonders nachdem **Pettenkofer** seine Theorie über die Analogie des Kohlensäuregehaltes in der Ausatmungsluft mit deren Gehalt an giftigen Riechstoffen aufgestellt hatte. **Pettenkofer** selbst hatte z. B. $7,2^0/_{00}$ in der Schulluft gefunden[1]). Besonders groß werden die Kohlensäuremengen in Schulzimmern ohne besondere Lüftungseinrichtungen. **In der Regel steigt der Kohlensäuregehalt der Schulluft mit der Dauer des Unterrichts.** Schulen mit besonderen Lüftungsanlagen machen darin keine Ausnahme, wie unter anderem auch die folgende Untersuchung von G. **Rietschel**[2]) zeigen. Es handelte sich um 3 Bonner Schulen.

1. **Nordschule** (Niederdruckdampfheizung verbunden mit Luftheizung, die gleichzeitig zur dauernden Lüftung diente; daneben noch besondere Kanal- und Fensterlüftungseinrichtungen).

2. **Stiftsschule** (Niederdruckdampfheizung und natürliche Ventilationsanlage, mit Luftkanälen und Fensterklappen).

3. **Wilhelmsschule** (altes Gebäude mit Ofenheizung und unzureichenden Ventilationsanlagen).

In sämtlichen 3 Schulen standen pro Kind 4—5 cbm Luftraum zur Verfügung.

Nordschule:

Zeit	Temperatur Grad C	Relative Feuchtigkeit Proz.	Gehalt $^0/_{00}$ CO_2	Bemerkungen
8^{30}	18,4	53,2	1,07	Fenster zu
10^{10}	20,6	59,6	2,49	Fenster zu

10 Minuten Pause, Luftdurchzug.
(Türe und Fenster offen.)

Zeit	Temperatur Grad C	Relative Feuchtigkeit Proz.	Gehalt $^0/_{00}$ CO_2	Bemerkungen
10^{45}	19,6	58,4	—	Fenster zu
12^{10}	19,9	65,0	3,78	Fenster zu
8^{30}	17,5	52,4	0,98	Fenster zu
10^{10}	20,0	60,1	2,76	Fenster zu

10 Minuten Pause, Luftdurchzug.

---

[1]) Annalen d. Chemie u. Pharmazie Suppl. 2. 1862/1863.
[2]) G. **Rietschel**, Gesunde Jugend 6. 1910.

Zeit	Temperatur Grad C	Relative Feuchtigkeit Proz.	Gehalt $^0/_{00}$ CO_2	Bemerkungen
10^{45}	20,0	65,2	—	Fenster zu
11^{10}	21,2	59,5	3,69	
8^{20}	14,8	47,6	0,96	Fenster zu
10^{10}	18,8	49,2	3,9	
7^{50}	15,6	70,5	0,93	Fenster zu
8^{50}	19,8	43,8	2,7	
5 Minuten Pause, Durchzug.				
9^{00}	9,5	61,7	0,54	Fenster zu
9^{50}	20,6	41,4	3,07	
20 Minuten Pause, Durchzug.				
10^{20}	16,0	26,1	—	Fenster zu
11^{00}	20,0	42,8	3,10	

Stiftsschule:

Zeit	Temperatur Grad C	Relative Feuchtigkeit Proz.	Gehalt $^0/_{00}$ CO_2	Bemerkungen
7^{50}	16,2	34,1	0,85	Fenster zu
9^{50}	16,5	58,8	2,96	
20 Minuten Pause, Durchzug.				
10^{20}	13,3	45,6	—	Fenster zu
11^{00}	16,5	54,0	4,19	
7^{50}	12,6	54,5	0,79	—
9^{40}	18,4	58,2	—	
20 Minuten Pause, Durchzug.				
10^{20}	14,3	58,4	—	Fenster zu
12^{00}	16,8	62,1	4,22	
7^{50}	16,2	62,7	1,09	Fenster zu
9^{50}	19,2	64,1	2,95	
20 Minuten Pause, Durchzug.				
10^{20}	16,0	49,6	—	Fenster zu
11^{00}	19,0	55,8	4,03	
5 Minuten Pause, Luftdurchzug.				
11^{20}	17,1	52,1	—	Fenster zu
12^{00}	18,6	59,0	4,19	
7^{50}	15,0	40,0	1,21	Fenster zu. 2 Fensterklappen während des ganzen Vormittags offen
8^{50}	17,4	57,4	2,80	
5 Minuten Durchzug.				
9^{10}	15,3	47,0	0,99	Fenster zu
9^{50}	18,0	52,6	3,31	
20 Minuten Pause, Durchzug.				

Zeit	Temperatur Grad C	Relative Feuchtigkeit Proz.	Gehalt $^0/_{00}$ CO_2	Bemerkungen
10^{20}	14,3	55,7	—	Fenster zu
11^{00}	17,0	52,0	3,17	
5 Minuten Pause, Durchzug.				
11^{20}	16,0	44,1	—	Fenster zu
12^{00}	16,2	57,0	2,21	

Wilhelmsschule:

Zeit	Temperatur Grad C	Relative Feuchtigkeit Proz.	Gehalt $^0/_{00}$ CO_2	Bemerkungen
8^{20}	20,8	39,0	1,80	Fenster zu
10^{10}	23,8	58,3	3,49	
8^{20}	19,4	19,8	1,15	Fenster zu
10^{10}	23,0	54,4	3,97	
7^{50}	15,6	38,0	1,06	Fenster zu
9^{50}	22,4	57,8	3,95	
20 Minuten Pause, Durchzug.				
10^{20}	19,2	44,3	—	Fenster zu
11^{00}	20,4	54,0	3,69	
7^{50}	20,4	44,5	1,75	—
8^{40}	19,2	46,3	—	
5 Minuten Pause, Durchzug.				
9^{10}	19,0	45,7	—	—
9^{40}	19,6	43,4	—	
20 Minuten Pause, Durchzug.				
10^{20}	19,0	43,9	—	3 von den 4 Fenstern
11^{00}	19,7	45,1	2,76	dauernd offen

Ich habe Rietschels Untersuchungen etwas genauer wiedergegeben, da wir später noch darauf zurückkommen müssen. Zunächst sollen sie uns einmal das Ansteigen des Kohlensäuregehaltes in der Schulzimmerluft beweisen. Lüften in den Pausen durch Durchzug kann, wie wir ersehen, die Kohlensäuremengen zwar herabsetzen, aber nur vorübergehend. Von anderen Beobachtern sind schon bedeutend höhere Kohlensäuremengen in der Schulluft festgestellt worden, z. B. von Markel[1] bis $14,8^0/_{00}$ usw., doch liegen dann ganz besonders ungünstige Verhältnisse vor. Der Kohlensäuregehalt steigt sehr, wenn neben den Zimmerinsassen auch noch die Zimmerbeleuchtung als Kohlensäureproduzent in Betracht kommt.

---

[1] Markel, Monatsschr. f. Gesundheitspfl. *16*, 4. 1898.

Ein Schulkind erzeugt ca. . . . . 0,010 cbm CO_2 pro Std.
Bei Gasbeleuchtung ein Schnittbrenner . . 0,0047 ,,   ,,   ,, Kerzenstd.
   ,,   ,,   ,, Glühlicht . . . . . 0,0006 ,,   ,,   ,,   ,,
   ,, Petroleumbeleuchtung   . . . . . . 0,0028—0,0050   ,,   ,,

Kohlensäuremengen über 1% gehören im allgemeinen zu den Ausnahmen in den Lehrzimmern, soweit die freie Raumluft in Betracht kommt. Die Luftschichten aber, die den Körper unmittelbar umgeben, können bei ruhiger Zimmerluft infolge Kohlensäureausscheidung durch Lungen- und Hautatmung einen Kohlensäuregehalt aufweisen, der den der Zimmerluft um das 2—3 fache übertrifft[1]). Bei engem Aneinandersitzen der Kinder während des Unterrichtes bilden sich ähnliche stagnierende Luftschichten um die Kinder. Pettenkofer hatte als Forderung aufgestellt, daß eine gute Schulzimmerluft nicht über $1^0/_{00}$ Kohlensäure haben dürfe, allerdings nicht, weil ein stärkerer Kohlensäuregehalt an und für sich Nachteile bringen würde, sondern im Zusammenhang mit Erwägungen, auf die wir später noch einzugehen haben. Von anderen wurde der zulässige Kohlensäuregehalt bis auf $1,5^0/_{00}$ heraufgesetzt, eine Grenze, die bis in die Neuzeit maßgebend für Schullüftung war. Wie wenig aber selbst moderne Lüftungsanlagen diese Grenze einhalten können, zeigen Rietschels oben mitgeteilte Untersuchungsergebnisse. — Pettenkofers Forderung mußte sehr an Wert verlieren nach den grundlegenden Untersuchungen von Flügge und dessen Schule. Paul[2]) ließ verschiedene Personen mehrere Stunden lang in einem dicht verschlossenen Glaskasten von 3 cbm Inhalt verweilen, so daß der Kohlensäuregehalt der Luft auf $10-15^0/_{00}$ stieg. Diese Personen erlitten aber nicht die geringste Beeinflussung ihres Wohlbefindens, auch nicht ihrer geistigen oder körperlichen Leistungsfähigkeit, solange Temperatur und Feuchtigkeit der Kastenluft niedrig gehalten wurden. Diese Versuche, auch an Schulkindern, herzkranken Personen usw. wiederholt, beweisen die Unschädlichkeit der für gewöhnlich in Schulräumen vorkommenden Kohlensäuremengen, bei Einhaltung entsprechender Temperaturen. Sie sind aber gleichzeitig entscheidend geworden für unsere Auffassung über einen anderen Bestandteil der Raumluft, die

---

[1]) K. B. Lehmanns, Archiv f. Hygiene *34*, 315.
[2]) Paul, Zeitschr. f. Hygiene und Infektionskrankheiten *49*.

Riechstoffe.

Tritt man aus frischer Luft in ein mangelhaft oder gar nicht gelüftetes Schulzimmer, so läßt sich ein ganz charakteristischer Geruch, der Schulgeruch, mehr oder weniger stark wahrnehmen. Auch das unbesetzte Lehrzimmer, selbst nach längerem Lüften, ist nicht frei von diesem Geruch; Schulmöbel und Wände halten ihn lange. Bei besetztem Zimmer erfährt dieser Geruch noch die verschiedensten Variationen, wird aber von den Zimmerinsassen nur selten wahrgenommen, während Personen, die von außen hereintreten, von der gleichen Luft höchst unangenehm berührt werden können. Lehrer wie Schüler merken meist nur dann etwas, wenn übler Geruch plötzlich stärker auftritt oder wenn Personen, die als Geruchsquelle in Betracht kommen, sich bewegen, oder wenn Luftströmungen im Zimmer entstehen. Der Schulgeruch setzt sich zusammen aus einem Gemisch von Gasen verschiedensten Ursprungs. Sie entstammen zum Teil dem Hautschweiß, der durch die Tätigkeit von Mikroorganismen bei mangelhafter Hautpflege zersetzt wird zu: Ammoniak, Baldriansäure, Kapron, Kaprylsäure. Darmgase und Exkremente des Körpers liefern Kohlenwasserstoffe, Ammoniak, Schwefelwasserstoff, flüchtige Fettsäuren usw.; Fäulnisvorgänge in schlecht gepflegter Mund- und Nasenhöhle, Magenstörungen, mangelhafte Haarpflege tragen ebenfalls zur Entwicklung riechender Gase bei. Henneberg[1]) berichtet aus einer Magdeburger Knabenvolksschule: „Von 700 Knaben spülten 474 ihren Mund nicht täglich (67,7%), ja der weitaus größte Teil überhaupt nie." — Und welche Gerüche entströmen den Kleidern der Kinder! Alle Parfüme jämmerlichster Wohnungsverhältnisse findet man dort wieder.

Neben diesen riechenden gasförmigen Verunreinigungen hat man in der Luft der Wohnräume, natürlich auch der Schulzimmer, immer wieder nach vielleicht geruchlosen, unbekannten, gasförmigen Giften gesucht, die in der menschlichen Ausatmungsluft ihren Ursprung haben sollten. In ihnen vermutete man die Ursache für die Gesundheitsschädigungen in schlecht gelüfteten Räumen: Kopfschmerz, Übelsein, Ohnmachtsanfälle. Brown-Séquard und d'Arsonval[2]), später besonders Wolpert[3]) ver-

---

[1]) Henneberg, Zeitschr. f. Schulgesundheitspfl. *3*. 1913.

[2]) Brown-Séquard und d'Arsonval, Compt. rend. *106, 108*. 1888.

[3]) Wolpert, Archiv f. Hygiene *47*.

meinten das Vorhandensein dieser Atemgifte nachgewiesen zu
haben; Nachuntersuchungen zeigten diese Annahme jedoch als
irrig. Schon Hermans und Krieger[1]) hatten die Anschauungen
über die Atemgifte als unhaltbar angesehen. Paul und Ercklentz[2]) gelang es, die als Wirkungen der vermuteten Atemgifte
bezeichneten Erscheinungen als Folgen thermischer Einflüsse zu
beweisen. Ebenso wurden Wolperts Annahmen über den Einfluß
der Atemgifte auf die Kohlensäureausscheidung durch Heymann
und Flügge widerlegt[3]).

Weichardt[4]) hat sich erneut mit den Atemgiften beschäftigt.
Kenotoxine nennt er hochmolekulare Eiweißspaltprodukte, die
im übermüdeten Warmblutmuskel entstehen und auch in der
Ausatmungsluft vorhanden sein sollen. Durch Einspritzen derselben lassen sich nach Weichardt bei Tieren die Symptome
hochgradiger Ermüdung hervorrufen; einige Zeit nach der Ein-
spritzung soll aber auch das Vorhandensein eines Hemmungs-
körpers gegen das Ermüdungsgift, ein Antikenotoxin nachweisbar sein. Weichardt hat sowohl Kenotoxin wie Antikenotoxin
auch auf chemischem Wege hergestellt. Mit Antikenotoxin sind
schon in Schulen Versuche angestellt worden (z. B. Lorentz-
Berlin, Lobsien - Kiel), doch wird, besonders von der Flüggeschen Schule, die Richtigkeit der Weichardtschen Theorien noch
bestritten[5]). Aus letzter Zeit seien noch Milton J. Rosenau
und Harald L. Amos von der Harvard-Universität erwähnt, die
auf Grund ihrer Untersuchungen ebenfalls zur Annahme von
Giften in der Ausatmungsluft gelangt sind[6]).

Selbst wenn man die Untersuchung über die Atemgifte noch
nicht als abgeschlossen ansieht, so läßt sich auf Grund der Versuche von Paul und Ercklentz doch schon jetzt sagen, daß die
Ausatmungsluft keinesfalls akute und tiefere Schädigungen der
Gesundheit bei den Zimmerinsassen herbeiführt, solange Feuchtigkeit und Temperatur der Zimmerluft entsprechend geregelt bleiben.
Riechende Beimengungen in der Schulzimmerluft bleiben aber

[1]) Hermans und Krieger, Wert der Ventilation. 1899.
[2]) Paul und Ercklentz, Zeitschr. f. Hygiene *49*. 1905.
[3]) Heymann und Flügge, Zeitschr. f. Hygiene *49*.
[4]) Weichardt, Über Ermüdungsstoffe. 1910, 1912.
[5]) Konrich, IV. Versammlung des Vereins der Schulärzte Deutsch-
lands 1912; Inaba, Zeitschr. d. Hygiene *68*, 1.
[6]) The Heating and Ventilating Magazine, New York 1911.

trotz alledem zu beanstanden, weil sie ekelerregend sind; sie dürfen aus Gründen der Sauberkeit für die Gesundheitspflege nicht unterschätzt werden. Gerade deshalb sind es aber nur halbe Maßnahmen, wenn man nur durch die Lüftung die Geruchsverschlechterung bekämpfen wollte. Pettenkofer sagte einmal sehr drastisch, aber treffend: „Wenn ein Misthaufen im Zimmer ist, wird man nicht versuchen, durch die Lüftung den Geruch zu vertreiben, sondern man wird den Misthaufen beseitigen."

Meine Ausführungen über die Bedeutung des Sauerstoffmangels, der Kohlensäureanhäufung und der Riechstoffe bzw. Ausatmungsprodukte kann ich nicht schließen, ohne darauf hingewiesen zu haben, daß, wenn auch akute Schädigungen ausgeschlossen sind, über die chronische Wirkung dieser drei Faktoren auf den Gesundheitszustand damit noch nichts bewiesen ist.

Dieser Nachweis wird sich aber auch kaum einwandfrei bringen lassen, da die verschiedenartigen Einflüsse, denen das Kind während seiner Schulzeit ausgesetzt ist, in ihrer Wirkung auf das Befinden sich schwer auseinander halten lassen. Körperanlage, Krankheiten, Erziehung, häusliche Umgebung drücken dem kindlichen Körper das Gepräge auf und lassen unter Umständen die mögliche Wirkung ungünstiger Schulluftverhältnisse völlig in den Hintergrund treten. Während des Unterrichts aber kommen dazu die Nachteile der körperlichen oder geistigen Überanstrengung, des Bewegungsmangels, ferner die Gefahren aus staubförmig verunreinigter, zu feuchter oder zu warmer Schulzimmerluft usw. Die Einflüsse der letztgenannten Faktoren sind derart, daß neben ihnen etwa mögliche chronische Wirkungen von Sauerstoffmangel, Kohlensäureanhäufung und Riechstoffen in den Hintergrund treten.

Ozon.

Im Ozon sah man noch bis vor kurzem einen Luftbestandteil von ganz besonderer Bedeutung. Ozonreiche Luft rechnet sich so mancher Kurort auch heute noch als nicht geringen Vorzug an, und ein bedeutsamer Fortschritt schien es, als die Technik uns Apparate bot, um auch in der Raumluft den Ozongehalt anzureichern. Analog der Reinigung des Wassers durch Ozonisierung sollte auch die Luft durch Ozon gereinigt werden, so hoffte man; die Luftkeime sollten getötet, die Luftgerüche beseitigt, und die Luft selbst sollte wertvoller werden für den Menschen. Nun, von diesen Erwartungen ist leider recht wenig in Erfüllung gegangen. Die neueren Untersuchungen von Hill, Schneckenberg, Flack (1912), Konrich[1]) Erlandsen und Schwarz[2]) haben zunächst einmal festgestellt, daß Ozon schon in starker Verdünnung ein giftiges Gas ist. Bei Einatmen einer Luft mit 0,05% Ozongehalt trat bereits nach 2 Stunden der Tod ein (Schwarzenbach); nach einer Stunde bei 1% Ozongehalt (Barlow). Noch Ozonverdünnungen von 0,0001% reizen die Atmungswege, rufen Husten und Kopfschmerz hervor, sobald das Mischungsverhältnis gesteigert wird. In Mengen, die den Menschen noch zuträglich sind, hat das Ozon auf trockene Bakterien, nur solche kommen in der Luft in Betracht, überhaupt keine abtötende Wirkung. Ebensowenig zerstören derartige Ozonmengen die Riechstoffe der menschlichen Ausdünstungen, wohl aber verdecken sie durch ihren eigenen Geruch andere Riechstoffe. Unter gewissen Voraussetzungen kann diese Eigenschaft des Ozons sehr wertvoll werden, indem mit dem Wegfallen schlechten Geruches subjektiv unangenehme Empfindungen ebenfalls beseitigt werden. Abgesehen davon, daß selbst kleinste Mengen Ozon schon wieder durch ihren Geruch manche Leute stören können, liegt in der Verdeckung anderer Gerüche durch Ozon aber auch eine Gefahr: es wird unmöglich, die Luftbeschaffenheit am Geruch zu kontrollieren! Luftozonisierung wird nie die Luftverbesserung durch Luftzufuhr ersetzen können. Unvollkommen, wie den Riechstoffen gegenüber, ist die Ozonwirkung auch gegen sonstige Luftverunreinigungen, namentlich durch Staub. Man hatte angenommen, daß Ozon zur Zerstörung organischen Staubes usw. verbraucht werde und deshalb in der Stadtluft nur in so geringen Mengen vorhanden sei. Umgekehrt galt die Anwesenheit von Ozon in der Luft als ein Beweis dafür, daß organische Verunreinigungen (Staub, Bakterien) in der Luft nicht mehr vorhanden seien. In Wirklichkeit liegen die Ursachen für den Ozonmangel in der Stadtluft und den Ozonreichtum so mancher Landluft in den physikalischen Entstehungsbedingungen für Ozon begründet, ferner in der Tatsache, daß Ozon sich sehr leicht unter Abgabe von Sauerstoff zersetzt, als solches dann also nicht mehr nachweisbar ist.

---

[1]) Konrich, Zeitschr. f. Hygiene u. Infektionskrankheiten 73.

[2]) Erlandsen und Schwarz, Zeitschr. f. Hygiene u. Infektionskrankh. 1910.

Feste Bestandteile der Schulluft.

(Staub, Ruß, Mikroorganismen.)

Die staubförmige Verunreinigung nimmt in der Schulluft leider sehr häufig einen besonders großen Umfang an. Es hängt dies innig zusammen mit der Staubanhäufung im ganzen Schulgebäude und ist im letzten Grunde eine Folge der Massenansammlung von Schulkindern in geschlossenen Räumen. Kindliche Eigenheiten, Unerfahrenheit, noch wenig oder gar nicht entwickeltes hygienisches Empfinden, kindliche Lebhaftigkeit usw. tragen das ihre zur Staubvermehrung bei. In der Hauptsache entstammt der Schulluftstaub dem Schulfußboden und wird in den einzelnen Räumen durch Bewegen der Füße der Luft beigemengt; auch durch Luftzug kann er vom Boden emporgewirbelt werden. Ferner wird aus der Kleidung der Kinder so manche Staubwolke in die Zimmerluft geschüttelt. Nach Henneberg[1]) säuberten von 700 Kindern einer Schule weit mehr als die Hälfte (479) nur des Sonntags oder 2—3 mal in der Woche ihren Anzug. Auch mit der Außenluft, sei es vom Flur, sei es vom Freien her, wird Staub in die Zimmerluft getragen. Anderer Staub wird wieder von Verzierungen, Simsen der Wände usw. durch Luftzug herabgeweht. Den meisten Schmutz aber bringen die Kinder an ihren Füßen in die Schulräume, wo er dann der Luft beigemengt wird. Je unsauberer die anliegenden Straßen und Wege sind, um so staubiger wird auch der Fußboden und die Luft in den Schulräumen sein. Darunter haben besonders die Landschulen und in den Städten die in der Nähe von unbebautem Gelände gelegenen Schulen zu leiden. Die Bodenbeschaffenheit, die Straßenpflege, die Beschaffenheit der Schulhofoberfläche und deren Pflege müssen sich im Staubgehalt der Schulluft bemerkbar machen, wenn nicht durch genügend wirksame Maßnahmen das Einschleppen des Straßenschmutzes in das Schulgebäude verhütet wird. Neben technischen Einrichtungen gehört dazu vor allem die Schuldisziplin (Überwachen von Fußreinigung, Verhütung zu lebhafter Bewegung der Kinder in den Schulräumen usw.). Bei ruhiger Zimmerluft und ruhigem Verhalten der Kinder setzt sich der Luftstaub sehr bald wieder zu Boden, so fand Stern[2]) schon nach 15 Minuten die Luft wieder staubfrei.

---

[1]) Henneberg, Zeitschr. f. Schulgesundheitspfl. 3. 1913.
[2]) Stern, Zeitschr. f. Hygiene u. Infektionskrankh. 7, 44.

Entsprechend seinem Ursprung werden wir im Luftstaub auch die Bestandteile des Straßenschmutzes wiederfinden: Gesteinssplitterchen, Sand- und Lehmteile, zerriebenen Asphalt, dazu in großer Menge kleinste Reste von Pferdedünger, Pflanzenteilen, Papier, Haaren, Fasern von Kleiderstücken usw. Im Schulzimmer gesellen sich zu diesen Bestandteilen Kreidestaub, Staub der Kleidung in Form von Stoffresten, Hautschuppen, kleinsten Speiseresten. Auch Ruß ist nicht zu selten beigemengt. Der Rußgehalt der Zimmerluft geht meist parallel dem der Außenluft.

Die staubförmige Verunreinigung der Schulluft vermag die Atmungswege zu reizen und Anlaß zu hartnäckigen Katarrhen zu geben, vor allem im Zusammenwirken mit Krankheitskeimen. Besondere Bedeutung erhält der Luftstaub durch seinen Gehalt an kleinsten Resten von Pferdedünger. Kommen solche mit heißen Flächen im Zimmer in Berührung, verschwelen sie und reizen durch die Verbrennungsgase die Schleimhäute. Pferdedüngerteilchen zersetzen sich aber schon, ehe es zu Verbrennungserscheinungen kommt, bei Temperaturen um 65 Grad auf chemischem Wege, sobald hinreichende Luftfeuchtigkeit vorhanden ist. Und die dabei entstehenden Gase sind es besonders, die durch ihren Reiz auf die Schleimhäute das Gefühl trockener Luft verursachen (Esmarch, Nußbaum).

Gleiche Quellen wie der Staub haben auch die Keime der Schulluft: Bodenoberfläche, Kleidung, Körperoberfläche. Dazu kommen aber noch die Schleimhäute der Kinder: Beim Niesen, Sprechen, Husten werden mit kleinsten Tröpfchen des Speichels, des Auswurfes der Atemwege sehr häufig lebende Keime in die Luft gebracht. Laschtschenko[1]) konnte durch Niesen in die Luft beförderte Keime noch in 9 Meter Entfernung nachweisen. Beim Husten Schwindsüchtiger wurden in einer Entfernung von 0,25 Meter sehr zahlreiche tuberkelbazillenhaltige Tröpfchen, bei Entfernung von 0,50 Meter zahlreiche, bei 1 Meter spärliche gefunden[2]). Auf den Bänken sitzen die Kinder kaum mehr als 0,50 Meter auseinander! Die in Schleimtröpfchen schwebenden Keime können für Krankheitserregung sehr bedeutungsvoll werden, mehr als die dem Staub anhaftenden oder frei schwebenden Keime.

---

[1]) Laschtschenko, Zeitschr. f. Hygiene *30*, 127.
[2]) Hygien. Institut, Berlin.

Die durch Luftbewegung, durch die Füße usw. mit dem Staub in die Luft gewirbelten Keime vermögen sich bei der Schwere des anhaftenden Staubes nicht lange schwebend zu erhalten, im Gegensatz zu den oben erwähnten Tröpfchen. Auch brauchen sie zu ihrem Emporsteigen meist stärkere Luftbewegung als jene.

Die Schulluftkeime sind im allgemeinen harmlose Schimmelpilze, Eiterbakterien, Darmbakterien. Bei meinen Untersuchungen fand ich u. a.: Prodigiosus, Staphylococcus albus, citreus, aureus; Proteus; Bact. coli. Wir müssen aber als sicher vorhanden in der Schulluft noch eine Reihe von Keimen annehmen, die als Erreger der sog. Schulinfektionskrankheiten von Wichtigkeit sind. Sie können besonders mit verspritzten Wasserbläschen, beim Niesen, Sprechen usw. auf andere Kinder übertragen werden, zumal die Kinder verhältnismäßig nahe beieinander sitzen. Es kommen dafür vor allem die Krankheitserreger von Schnupfen, Influenza, Masern, Keuchhusten, Diphtherie in Betracht; Lungentuberkulosekeime gelangen, wie oben gezeigt, ebenfalls durch verspritzte Tröpfchen in die Luft. Neuerdings führt man auch spinale Kinderlähmung (Poliomyelit. acut.) auf Infektion von den Atemwegen zurück. Dem Staube beigemengt gehen die meisten Bakterien bei längerem Schweben in der Luft durch Austrocknen zugrunde; in den Wasserbläschen halten sie sich länger. Nur die Tuberkelbazillen und gewisse Eiterkeime bleiben auch an Staub gebunden in der Luft längere Zeit lebensfähig.

Wie sehr der Keimgehalt der Schulluft von Schulbetrieb und Einrichtungen des Schulgebäudes abhängt, konnte ich durch eine Reihe von Untersuchungen nachweisen[1]): Es waren Gelatineplatten von 78,5 qcm Flächeninhalt in Mundhöhe der Kinder auf dem Lehrerpult 10 Minuten lang exponiert worden. Die Keimzahlen waren am geringsten, wenn die Kinder bei geöffneten Fenstern ruhig auf ihren Plätzen saßen; z. B. nur 8 Keime pro Schälchen. Waren nur die oberen Fensterflügel geöffnet, so fanden sich selbst bei ruhigem Verhalten der Kinder stets größere Keimmengen vor. Lebhafte Bewegungen der Kinder vermehrten ganz beträchtlich den Keimgehalt (419, 459 usw.). Große Keimmengen enthielt die Luft auch dicht über dem Fußboden. Die Größe des pro Kind zur Verfügung stehenden Luftraumes war ebenfalls von Einfluß:

---

[1]) Zeitschr. f. Schulgesundheitspflege 2, 1913.

Je kleiner der Luftraum, um so größer die Keimzahl. Ferner zeigte sich auch eine Abhängigkeit von Höhe des Stockwerkes und Besetzungsdauer des Zimmers. Die Menge der Keime war kleiner in den Zimmern des obersten Stockwerkes; mit der Besetzungsdauer des Zimmers nahm sie zu.

Wenn auch die Größe der Luftkeimzahl nicht gleichbedeutend ist mit der Gefährlichkeit für den Menschen, so gibt sie doch einen Maßstab für die Luftverschlechterung. Die Möglichkeit einer Gesundheitsschädigung durch Luftkeime bleibt überdies stets vorhanden, besonders durch die obenerwähnte sogenannte Tröpfcheninfektion und durch das Zusammenwirken von Staub und Infektionskeimen auf die Atmungswege. Durch scharfkantige, anorganische Staubteilchen erleidet die Schleimhaut feinste Verletzungen, in denen sich dann die Krankheitserreger infektiöser Katarrhe festsetzen. D. Cesa-Blanchi[1]) hat experimentell bewiesen, daß das kontinuierliche Einatmen der gewöhnlichen Fabrikstaubarten als ein begünstigendes Moment für das Auftreten und die rasche Entwicklung eines tuberkulösen Prozesses in den Atmungswegen in Betracht kommt. Auch den Schulluftstaub darf man nach meiner Überzeugung nicht als bedeutungslos für die Tuberkuloseentstehung annehmen, zumal ja noch eine Reihe sonstiger disponierender Momente beim Schulkinde vorhanden sind (Sitzhaltung usw.). Bekannt ist ja, daß die Atmungsorgane den wichtigsten Infektionsweg für die Entstehung der kindlichen Tuberkulose bilden[2]).

Die Verunreinigung der Schulluft durch Staub und Keime bedarf dringend der Beachtung und Beseitigung. Aus unseren bisherigen Ausführungen erkennen wir aber gleichzeitig, daß der Begriff Lüftung möglichst weit gefaßt werden muß, soll die Schulluftbeschaffenheit für die Kinder gesundheitsgemäß werden und bleiben. Nur die Luft entsprechend zu behandeln, wird nie genügen, wenn nicht gleichzeitig die Ursachen zu ihrer Verunreinigung möglichst beseitigt werden.

Wasserdampfgehalt, Temperatur, Bewegung der Luft.

Der Gehalt der Luft an Wasserdampf ist von besonderer Bedeutung, da der menschliche Körper dauernd Wasser an die Luft

---

[1]) D. Cesa-Blanchi, Zeitschr. f. Hygiene 73.
[2]) Hadrén, Stockholm, Zeitschr. f. Hygiene 73.

abgeben muß, dieser Vorgang aber von dem Feuchtigkeitsgehalt der Luft abhängig ist. Die Aufnahmefähigkeit der Luft für Wasser ist beschränkt und richtet sich nach der Lufttemperatur: Je höher die Temperatur, um so größer der höchstmögliche Feuchtigkeitsgehalt der Luft. Die wirklich vorhandene Wasserdampfmenge, **absolute Luftfeuchtigkeit** genannt, bildet meist nur einen Bruchteil der höchstmöglichen Feuchtigkeit. Das prozentuale Verhältnis der absoluten, tatsächlich vorhandenen, zur höchstmöglichen Luftfeuchtigkeit bezeichnet man als **relative Luftfeuchtigkeit**. Soweit die Wasserdampfausscheidung des menschlichen Körpers von der Außenluft abhängt, ist in erster Linie die relative Luftfeuchtigkeit maßgebend.

Die Wasserdampfabgabe erfolgt durch die Atmung, von den Schleimhäuten der Luftwege, und durch die Hautverdunstung. **Rubner**[1]) fand bei $+15°$ C die Wasserausscheidung durch die Atmung am geringsten, mäßig ansteigend bei Temperaturen darunter, schnell zunehmend aber bei Temperaturen über 15° C. Auch die Wasserdampfabgabe durch den Schweiß zeigt bei $+15°$ C ein Minimum, nimmt jedoch zu über und unter dieser Grenze. Bei nicht zu starker Absonderung verdunstet der abgesonderte Schweiß sofort von der Körperoberfläche (Perspiratio insensibilis). Nach **Peiper**[2]) ist bei Kindern diese unmerkliche Schweißverdunstung verhältnismäßig größer als bei Erwachsenen. **Luftbewegung** bei Temperaturen von 18°—20° C steigert die Wasserverdampfung von der Haut etwa um 5% im Vergleich zur Windstille. Bei Temperaturen von 20°—35° C wirkt sie gerade gegenteilig[3]).

Die Wirkung der Wasserdampfabgabe unter dem Einfluß von relativer Feuchtigkeit und Lufttemperatur auf das Befinden des Menschen läßt sich vorläufig nur aus Erfahrungstatsachen beurteilen. Mehrfach ist nachgewiesen worden, daß mit dem bloßen Empfinden nicht einmal einwandfrei festzustellen ist, ob die Luft feucht oder trocken ist; bezeichnend sind die Versuche von **Lehmann**[4]), bei denen von 6 gut beobachteten Männern 2 die gleiche Raumluft für sehr trocken, einer für trocken, 2 für feucht und einer

---

[1]) **Rubner**, Archiv f. Hygiene *38*, 120.

[2]) **Peiper**, Zeitschr. f. klin. Medizin *12*, 153.

[3]) **Rubner**, Handbuch d. Hygiene 1911; **Wolpert**, Archiv f. Hygiene *33*.

[4]) **Praußnitz**, Grundzüge d. Hygiene 1912.

für mittelfeucht erklärte. Relative Luftfeuchtigkeit läßt sich durch Gefühl allein erst recht nicht schätzen. Die Erfahrung lehrt, daß bei + 19 bis 20 °C Temperatur und 45—60% relativer Feuchtigkeit die Schulinsassen sich am wohlsten fühlen. Bei niederer Temperatur (+ 15° C) wirkt trockene Luft angenehmer als feuchte; stark feuchte Luft ist schon bei + 24 °C auf die Dauer unerträglich[1]). So häufig hört man in Schulen die Klagen über zu trockene Luft. Ich gebe zu, daß bei hoher Temperatur und geringer Luftfeuchtigkeit durch Feuchtigkeitsverlust in den Atemwegen Reizerscheinungen hervorgerufen werden; anhaltendes lautes Sprechen kann seinerseits einen starken Feuchtigkeitsverlust besonders in den Sprachwerkzeugen zur Folge haben. Viel häufiger sind aber der Staub oder seine Verbrennungsprodukte die Ursachen zu dem Gefühl der Trockenheit (s. o.). Als zu feucht wird wohl selten die Luft vom Lehrer bezeichnet, von den Kindern wohl überhaupt nicht. Und doch ist gerade zu hoher Feuchtigkeitsgehalt so oft die Ursache für Beschwerden infolge „schlechter Schulluft": Beklemmung, Ermüdung, Kopfschmerz, Brechneigung. Diese Erscheinungen sind Symptome der sogenannten Wärmestauung und treten auf, sobald dem menschlichen Körper die Abgabe von Wärme zur Regelung seiner Temperatur erschwert oder unmöglich gemacht wird. — Ganz unabhängig von den Folgen, die Zusammenwirken von Lufttemperatur und Luftfeuchtigkeit für den Körper haben kann, hat schon erhöhte Temperatur allein oft genug nachteiligen Einfluß. Unter der Wärmewirkung erweitern sich die Blutgefäße der Haut und der Schleimhäute, um bessere Wärmeabgabe zu ermöglichen. Kommen Kinder mit derartig blutreicher Haut und Schleimhaut unvermittelt in kalte Luft, kann es zu plötzlichem, übermäßigem Wärmeverlust kommen mit Erkältungserscheinungen als Folge. So manches Kind, das aus überhitztem Schulzimmer hinaus ins Freie muß, holt sich auf diese Weise hartnäckigen Katarrh der Atmungsorgane. Der Lehrer ist natürlich gleicher Gefahr ausgesetzt; bei Kindern aber ist die Erkältungsgefahr eine größere, da sie infolge ihres lebhaften Temperaments schwerlich den Mund halten, sobald sie in die frische Luft hinaustreten.

Die Folgen der Wärmestauung kann der Lehrer oft genug bei sich selbst und bei den Kindern feststellen. Welche Qual ist für beide Teile der Unterricht bei feuchtwarmer Witterung! Schle-

---

[1]) Rubner und Lewaschew, Archiv f. Hygiene 29.

singer[1]) in Straßburg beobachtete im Sommer 1911 an einer Reihe von Schulkindern als Wirkung der Wärmestauung: Abnahme des Gewichtes und Zunahme der Blutarmut. Flügge und seine Schüler haben in den oben schon erwähnten Versuchen vom Jahre 1905 den Einfluß der Wärmestauung auf den menschlichen Körper experimentell nachgewiesen. Es traten bei fast allen Versuchspersonen mit Steigerung der Temperatur und Feuchtigkeit in der Kastenluft Unbehagen, Kopfdruck, Beklemmung, Schwindel, Brechreiz auf. Diese Beschwerden ließen sich aber, ohne daß die sonstige Luftbeschaffenheit geändert wurde, durch Bewegen der Luft sofort beseitigen. Die bewegte Luft verschafft dem Körper eben wieder neue Möglichkeit zur Wärmeabgabe.

Wärmeabgabe und Wärmeproduktion regeln den Wärmehaushalt des menschlichen Körpers und sind eins so wichtig wie das andere für das Wohlbefinden. Entsprechend dem lebhafteren Stoffwechsel ist auch die Wärmeproduktion beim Kinde relativ stärker als beim Erwachsenen, sie schwankt natürlich ebenfalls unter den gleichen Einflüssen wie beim Erwachsenen (Nahrungsaufnahme, Muskeltätigkeit, Temperatur der Umgebung). Allerdings ist es dem Kinde während des Unterrichts nur beschränkt möglich, vermehrten Wärmebedarf durch erhöhte Muskeltätigkeit zu decken. Für die Zwecke unserer Arbeit interessiert uns besonders die Wärmeregulierung durch die Wärmeabgabe, die physikalische Wärmeregulierung.

Der menschliche Körper gibt die Wärme ab im wesentlichen durch Wasserverdunstung, Wärmestrahlung und Wärmeleitung. Nach Rubner[2]) hat ein Mensch in leichter Kleidung bei $+20°$ C und mittlerer Luftfeuchtigkeit Wärmeverlust:

Durch Wasserverdampfung	20,66%
,, Leitung	30,85%
,, Strahlung	43,74%
dazu noch durch Atmung	1,29%
,, Arbeit	1,88%
,, Erwärmung der Kost	1,55%

Die Verhältniszahlen ändern sich aber nach dem Zustand des Körpers und seiner Umgebung. Durch Wasserverdampfung allein

---

[1]) Schlesinger, Deutsche med. Wochenschr. *12.* 1912.
[2]) Rubner, Archiv f. Hygiene *27.*

kann schon $^1/_3$—$^1/_2$ der gesamten Wärmeproduktion abgegeben werden. Diese Tatsache im Zusammenhang mit der obenerwähnten Abhängigkeit der Wasserverdunstung von Temperatur und relativer Feuchtigkeit erklärt die überaus wichtige Bedeutung von Temperatur und relativer Feuchtigkeit der Luft für des Menschen Wärmehaushalt, Befinden und Leistungsfähigkeit. Lüftung und Heizung müssen daher Temperatur und relative Feuchtigkeit bei Lösung ihrer Aufgaben in ganz besonderem Maße berücksichtigen. Und zwar gilt es nicht bloß die Nachteile mangelhafter Erwärmung oder ungenügender Luftbefeuchtung zu verhüten, sondern ebensosehr die durch Überhitzung und zu große relative Feuchtigkeit verursachte Wärmestauung. Im allgemeinen steigen Temperatur und relative Feuchtigkeit während des Unterrichts an, wenn nicht Lüftung für Abhilfe sorgt; kleine Schwankungen treten nach den Pausen auf, gleichen sich aber auch bald wieder aus.

Die Entscheidung, ob Temperatur und Feuchtigkeit entsprechend sind, darf nicht dem persönlichen Empfinden von Lehrer oder Schüler überlassen bleiben. Schon aus dem Altersunterschied zwischen Lehrer und Kindern kann ganz verschiedenartiges Bedürfnis nach Wärme und Luftfeuchtigkeit entstehen. Eigene Körpervernachlässigung oder -verwöhnung vermag den Menschen an Wärmegrade zu gewöhnen, die objektive Gesundheitsstörungen hervorrufen, in ihrer Ursache aber ganz falsch gedeutet werden. Aber auch der Lehrer mit geschärftem gesundheitlichen Empfinden kann in der Hitze des Gefechts ganz übersehen, wie die Wärme im Zimmer den Kindern die Wangen hochrot gefärbt hat, und merkt auch nicht seine eigene Erhitzung. Solche Klassenbilder hat wohl jeder in der Erinnerung, der öfters Gelegenheit hat, mitten im Unterricht ein Lehrzimmer zu betreten. Was von der Beurteilung der Lufttemperatur gesagt ist, gilt in noch viel höherem Maße von der Beurteilung der Luftfeuchtigkeit durch die Zimmerinsassen. Ich erwähnte schon oben, wie sehr das bloße Empfinden bei der Begutachtung des Feuchtigkeitsgehaltes im Stiche läßt. Rietschel und andere konnten so häufig übermäßige Luftfeuchtigkeit nachweisen, wo der Lehrer über zu trockene Luft klagte. Die Feststellungen der Luftfeuchtigkeit und der Lufttemperatur muß also unabhängig von dem Empfinden des Lehrers oder der Schüler durch Meßinstrumente stattfinden, muß aber gleichzeitig der unmittelbaren Beobachtung eines jeden Lehrers im Zimmer selbst zugängig sein.

Neben der Wasserausscheidung durch Atmung und Hautverdampfung tragen im Schulzimmer auch noch andere Faktoren zur Erhöhung der Luftfeuchtigkeit bei. Besonders große Wassermengen werden der Schulzimmerluft von der Kleidung der Kinder zugeführt; daß Kinder mit völlig durchnäßter Kleidung zum Unterricht kommen, ist leider keine Seltenheit, infolge der Unerfahrenheit, oft auch infolge der häuslichen Verhältnisse (für jedes Kind einen Regenschirm zu besitzen, ist so manchen Eltern nicht möglich). Oft sind auch Zufälligkeiten der Witterung und weiter Schulweg schuld; Überschuhe, Überkleider besitzt nur ein Bruchteil der Schulkinder. Aber selbst wenn solche Kleiderstücke vorhanden sind, bleibt der Nachteil für die Schulzimmerluft der gleiche, solange die feuchten Sachen im Lehrzimmer aufbewahrt werden. Wärmestauung durch Erhöhung der Luftfeuchtigkeit, andererseits aber auch beträchtliche Wärmeentziehung durch starke Wärmeleitung der feuchten Kleidung auf dem Körper und Wasserverlust durch Verdunstung des aufgenommenen Wassers können dann den Wärmehaushalt des Kindes ganz erheblich stören. Namentlich gegen Wärmeverlust ist der kindliche Körper sehr empfindlich. Über die Zeit, da man radikal jeden Einfluß von „Erkältung" auf den menschlichen Körper bzw. Krankheitsentstehung bestritt, da Infektion für die Krankheitsentstehung alles bedeutete, ist die ärztliche Wissenschaft glücklich hinaus; und auch der Abhärtungsfanatismus ist auf das vernünftige, gesundheitsdienliche Maß zurückgeführt worden.

Ganz beträchtliche Wasserdampfmengen werden der Schulluft auch durch die Gasbeleuchtung zugeführt. Nach Dietz[1]) entwickeln bei normaler Raumtemperatur an Wasserdampf:

ein Kind . . . . 0,020 kg/St.
Schnittbrenner 0,017   „
Argandbrenner 0,013   „
Glühlicht 0,002   „

Auf 1 cbm verbranntes Gas kommt eine stündliche Produktion von 1 kg Wasserdampf.

---

[1]) Dietz, Ventilations- und Heizungsanlagen, 1909.

Auch die direkte Wärmebildung ist bei der Gasbeleuchtung sehr bedeutend; es liefert:

Gas	Schnittbrenner	80 Wärmeeinheiten per St.
	Argandbrenner	60 ,, ,,
	Glühlicht	10 ,, ,,

Elektrisch	Kohlenfadenglühlicht	2,6 ,, ,,
	Nernstlicht	1,3 ,, ,,
	Bogenlampe	0,4 ,, ,,

Aus Gründen der Wärmehygiene wird man also der elektrischen Beleuchtung den Vorzug vor der Gasbeleuchtung geben müssen. — Außergewöhnliche Ursachen für Vermehrung der Feuchtigkeit in der Schulluft sind feuchte Wände, feuchter Fußboden.

Sei es aus diesem oder jenem Grunde, oft genug wird die Luftfeuchtigkeit im Schulzimmer derart sein, daß Wärmeabgabe durch Wasserverdunstung dem Körper nicht mehr möglich ist; daß also Gesundheitsstörungen auftreten müssen, wenn nicht durch andere Faktoren eine genügende Entwärmung des Körpers herbeigeführt werden kann. Zur physikalischen Wärmeregulierung steht dem Körper noch die Wärmeabgabe durch Strahlung und Leitung zur Verfügung. Den Wärmeverlust des Körpers bei der Erwärmung der aufgenommenen Nahrung, weiter die Wärmeabgabe an die Atemluft und die Exkrete des menschlichen Körpers können wir für die Zwecke unserer Untersuchung außer Rechnung lassen.

Die Wärmeabgabe durch Strahlung erfolgt unabhängig von der umgebenden Luft an umgebende Gegenstände, und zwar ist der Wärmeverlust des Körpers durch Strahlung um so größer, je näher die Gegenstände sind. Deshalb tritt sie besonders in geschlossenen Räumen in Erscheinung. Auch hängt der Wärmeverlust durch Strahlung von der Temperaturdifferenz gegenüber der Umgebung ab. Das Vermögen der menschlichen Haut, Wärme auszustrahlen, schwankt ferner unter dem Einfluß gewisser Reize. So kann auftreffende kühle Luft die Strahlungsfähigkeit bis zum drei- bis vierfachen steigern[1]. Kleidung verringert die Wärmeabgabe durch Strahlung. Trotzdem kann bei bekleideten Erwachsenen $1/3$—$1/2$ der gesamten Wärmeausgabe durch Wärmestrahlung erfolgen. Für die Schulkinder wird sehr wesentlich sein, wie weit sie von der benachbarten Wand entfernt sitzen und welche Temperatur die

---

[1] Masje, Virchows Archiv f. pathol. Anatomie u. Physiol. u. klin. Medizin **107**, 296.

Wände haben. Das Bestreben, alle Plätze möglichst nahe an das Fenster zu rücken, um möglichst günstige Lichtverhältnisse jedem einzelnen Kinde zu verschaffen, findet also an den Einflüssen der Strahlung von der kalten Fensterwand her eine Grenze. Und es genügt ferner nicht, für warme Luft im Zimmer zu sorgen, wenn nicht gleichzeitig die Wände erwärmt sind. Die Gefahr mangelhafter Mauerdurchwärmung trotz genügender Lufttemperatur besteht in Schulen vor allem dann, wenn in längeren Ferien die Mauern zu sehr auskühlen, z. B. während der Weihnachtsferien.

Andererseits ist aber auch zu beachten, daß, je mehr eine Wand durchgewärmt ist, sie um so weniger zur Verhütung von Wärmestauung beim Kinde beitragen kann. Nußbaum fand bei dauernder Heizung aller Räume Symptome der Wärmestauung schon bei $+ 19°$ C. Die Wärmeentziehung durch Strahlung kann in den einzelnen Zimmern des Schulgebäudes eine ganz verschiedene sein, je nach den sonstigen Faktoren, die noch auf die Temperatur der Zimmerwände einwirken können (Sonnenstrahlung, Wetterseite, Feuchtigkeit). Wie schon oben angedeutet, unterliegt der Mensch natürlich auch der Wirkung der Wärmestrahlen, die von anderen Wärmequellen ausgehen. In den Lehrzimmern kommen dafür in erster Linie die Heizkörper in Betracht; solche mit rauher, dunkler Oberfläche strahlen mehr als wie glatte, helle.

Die Wärmeregulierung durch die Leitung erfolgt von der Haut aus durch Vermittlung der umgebenden Luft. Sie hängt von der Temperatur und dem Wechsel der benachbarten Luftschichten ab, und zwar so, daß sich beide Faktoren in ihrer Wirkung auf die Wärmeleitung gegenseitig ergänzen können. Unbewegte Luft von $+15°$ bis $+16°$ C hat z. B. denselben wärmeentziehenden Einfluß als Luft von $+22°$ bis $+23°$ C. und etwa 1 Meter Bewegung pro Sekunde. Je größer der Temperaturunterschied zwischen Luft und Haut ist, und je rascher die Luft wechselt, um so mehr Wärme kann der Körper durch Leitung abgeben. Es wird deshalb im allgemeinen im Freien, besonders bei bewegter Luft, der Wärmeverlust durch Leitung am größten sein, also ganz anders als die Wärmeabgabe durch Strahlung. Unbewegte Luft von hoher Temperatur wird am wenigsten zur Wärmeregulierung durch Leitung beitragen, kann sogar Wärmestauung zur Folge haben, so z. B. im Sommer bei Windstille und hoher Außentemperatur. Hier muß zur Ermöglichung der Wärmeleitung entweder Luftbewegung oder Lufttemperaturerniedrigung geschafft werden. Warme, ruhige Luftschichten entstehen häufig in besetzten Klassen zwischen den einzelnen Kindern, besonders bei enger Sitzweise; dort wird die Entwärmung durch Leitung ebenfalls erschwert.

Die Wärmeabgabe an die Luft durch Leitung hängt auch von deren Feuchtigkeitsgehalt ab. Wärmeregulierung durch Leitung steht auch sehr unter dem Einflusse der Bekleidung, wobei nicht so sehr die Dicke derselben als deren stoffliche Zusammensetzung und Luftgehalt von Bedeutung sind; Pflanzenfasern leiten mehr als Seide und Haare. Bei der Wärmeabgabe durch Leitung an bewegte Luft verhält sich der lebende Körper ganz anders als leblose Dinge. Letztere setzen der Wärmeableitung durch die Luft keinen Widerstand entgegen, während der lebende Körper den Wärmeverlust zu verhindern sucht. Den Reiz der bewegten Luft auf die Haut beantworten die Hautblutgefäße mit einer Verengerung ihres Volumens. Je schneller und energischer diese Reaktion der Hautblutgefäße erfolgt, um so besser wird stärkerer Wärmeverlust verhütet. Diese Fähigkeit der Hautblutgefäße ist nicht bei allen Menschen gleichmäßig entwickelt, blutarmen Kindern, zur Erkältung geneigten Menschen ist sie in geringerem Maße zu eigen. Durch systematische Anwendung von Kältereizen, sei es durch Wasser oder durch Luft, läßt sich die Muskulatur des Blutgefäßsystems zu besserer Tätigkeit erziehen. Diese Anerziehung ist aber gerade bei den Menschen, denen die Fähigkeit am meisten fehlt, mit Schwierigkeiten verbunden und muß ganz individuell vorgenommen werden. Die sogenannte Abhärtung muß deshalb im wesentlichen Aufgabe des Elternhauses sein und bleiben. Die Schule aber wird immer mit den Kindern rechnen müssen, die dem Wärmeverlust durch Leitung nur ungenügende Abwehr entgegenstellen können. Übermäßige Wärmeabgabe während des Unterrichtes muß um so mehr verhütet werden, als den Kindern der Wärmeersatz nur mangelhaft möglich ist, wenn sie ruhig sitzen müssen. Besonders groß kann, namentlich bei den Kindern mit träger Hautreaktion, die Gefahr zu großen Wärmeverlustes, der Erkältung, werden, sobald vorher infolge warmer Zimmerluft die Hautgefäße erweitert waren und dann plötzlich kalte Luftströmung die Haut trifft (Zug), so beim Öffnen der Fenster, beim Herausgehen der Kinder aus dem warmen Zimmer in kalte Luft auf Fluren oder im Freien. Auch wenn die Luft kaum merklich bewegt ist, kann sie doch schon unangenehme Hautempfindungen auslösen, wie **Rubner, Nußbaum, Rietschel** mehrfach nachgewiesen haben. Letzterer berichtet z. B., daß in Schulklassen bewegte Luft bei einer Temperatur von $+18°$ bis $+20°$ C noch als Zug empfunden wurde, wenn ihre Geschwindigkeit schon geringer als 0,61 Meter/Sekunde war.

Die Wärmeentziehung durch Leitung an die umgebende Luft kann den ganzen Körper wie einzelne Teile desselben betreffen. Gelangt z. B. im warmen Schulzimmer eindringende kalte Luft direkt zum Fußboden, so wird es zu starkem Wärmeverlust an den Füßen kommen, während Kopf und Oberkörper sich in warmer Luftschicht befinden. Kalte Füße verursachen leicht Gesundheitsstörungen, stören bei stillsitzenden Kindern zum mindesten das Wohlbehagen und die Leistungsfähigkeit im Unterricht. Gleiche Wirkung hat es natürlich auch, wenn nicht durch kalte Luft, sondern durch kalte Fußunterlage dem Fuße die Wärme entzogen wird, zumal wenn feuchte Fußbekleidung die Wärmeabgabe befördert. Und wie durchnäßt sind oft die Schuhe der Schulkinder; Wasserflächen sammeln sich an, da wo die Füße aufstehen, und lassen die Schuhe erst recht nicht trocken werden. Gegen die Folgen derartiger abnormer Fußabkühlungen schützt keine Abhärtung. Die Fußdurchnässung läßt sich auch nicht durch Erziehung verhüten; die Schule muß mit ihr als unvermeidlich rechnen. Sie ist, ohne damit dem Schulzwang einen Vorwurf machen zu wollen, doch indirekt oft eine Folge desselben, denn ohne Schulzwang ließe sich sehr häufig vermeiden, daß sich das Kind die Füße durchnäßt. Bei den ernsten Folgen kalter, nasser Füße für die Gesundheit der Kinder hat die Schule also allen Grund, durch entsprechende Einrichtungen die möglichen Gefahren einzuschränken. Im weiteren Sinne gehört auch dies zu den Aufgaben von Lüftung und Heizung im Schulgebäude.

Fragt man sich nun, unter welchen Verhältnissen die Wärmeregulierung des kindlichen Körpers am vorteilhaftesten für dessen Befinden vor sich geht, so wird man die Lösung als die beste bezeichnen, bei der die Erreichung der normalen Körpertemperatur (beim Kinde ca. $36,8°$ C in der Achselhöhle) am ökonomischsten ermöglicht wird, d. h. unter möglichst geringer Inanspruchnahme der physikalischen wie der chemischen Wärmeregulierung. Nach **Rubners** Untersuchungen sinkt die Wärmeproduktion im menschlichen Körper mit steigender Lufttemperatur, bis sie, für den mäßig gekleideten Menschen, bei ungefähr $+20°$ C ihr Minimum erreicht. Steigt die Lufttemperatur höher, dann erfolgt die Wärmeregulierung mit Hilfe der Wärmeabgabe; bei $+20°$ C werden also sowohl an die physikalische als an die chemische Wärmeregulierung die geringsten Anforderungen gestellt. Der Wärmeausgleich durch Leitung findet, wie wir früher sahen, mit steigender Lufttemperatur sehr bald eine Grenze. Meist wird dann die Wärmeabgabe durch Strahlung ebenfalls beschränkt sein, so daß die Wärmeregulierung durch Wasserdampfabgabe den Hauptersatz bilden muß. Lüftung wie Heizung müssen den Anforderungen, wie sie sich aus dem Wärmebedürfnis des menschlichen Körpers ergeben, entsprechen, sollen sie gesundheitsgemäß sein. Sie werden im wesentlichen die Abhängigkeit des menschlichen Wärmehaushaltes von Lufttemperatur und Luftfeuchtigkeit berücksichtigen müssen; diese beiden Faktoren vermag die Technik am weitesten dem menschlichen Bedürfnis entsprechend zu beeinflussen.

Schon früher hatte ich darauf hingewiesen, daß in der Praxis bei $+19°$ bis $+20°$ C und 45—60% relativer Luftfeuchtigkeit Lehrer wie Schüler sich am wohlsten fühlen. Diese Erfahrungstatsache stimmt überein mit den Untersuchungen über die für den Körper günstigste Lufttemperatur von $+20°$ C. Nur ist aus Zweckmäßigkeitsgründen für die Schule bei Beginn des Unterrichtes eine Temperatur von $+16°$ bis $+18°$ C und 30—40% relative Luftfeuchtigkeit einzuhalten. Denn bei Ansammlung großer Schülermengen steigt durch die Eigenwärme der Kinder die Lufttemperatur schon nach kurzer Zeit um $2°$—$3°$ C, auch die Luftfeuchtigkeit erhöht sich sehr schnell.

Um der Zimmerluft eine bestimmte Temperatur zu sichern, genügten Einrichtungen der Zimmerheizung; Lüftung durch Luftwechsel wäre dazu an und für sich nicht nötig. In praxi ist jedoch jede Schulzimmerheizung mehr oder weniger mit Wechsel der Zimmerluft verbunden. Zur Notwendigkeit wird aber der Luftwechsel, wenn es gilt, gleichzeitig die relative Feuchtigkeit der Schulluft zu regeln. Inwieweit nun auch noch die sonstigen Eigenschaften der Luft bei Lüftung und Heizung der Schulen der Beachtung bedürfen, zeigten unsere früheren Ausführungen. Es erübrigt sich also eine Fürsorge für den Sauerstoffgehalt der Schulluft; er regelt sich selbsttätig und erreicht auch nicht in stärkst besetzter Klasse das Minimum, bei dem eine Gesundheitsschädigung des kindlichen Körpers eintreten müßte. Auch den Kohlensäuregehalt der Schulluft sahen wir praktisch bedeutungslos für das Befinden der Schulkinder. Anders steht es aber mit der Schulluftverunreinigung durch Riechstoffe und feste Bestandteile wie Staub usw.; ihre Beseitigung ist dringend nötig.

Der Lüftung in Schulen sind also verschiedenfache Aufgaben gestellt; selbst die vollkommenste Lösung der einen braucht noch nicht die der anderen in sich zu schließen. Daraus folgt aber auch, daß jede Lüftungseinrichtung mangelhaft sein muß, die nur eine der Aufgaben herausgreift und danach den erforderlichen Luftwechsel bemißt. Dies ist bei Bewertung der für die Praxis aufgestellten Maßstäbe für den Lüftungsbedarf in erster Linie zu berücksichtigen. Im Lüftungsmaßstab soll der Hygieniker dem Techniker die Grundlage für Anlage von Lüftungseinrichtungen bieten; ist dieser nicht einwandfrei, dann kann der Techniker nicht verantwortlich gemacht werden, wenn die Lüftung die für die Rauminsassen gewünschten hygienischen Zustände nicht schafft. Wie haben aber in den letzten Jahrzehnten die Anschauungen über die Abhängigkeit des Menschen von den einzelnen Eigenschaften der Luft sich geändert! In den vorhandenen Lüftungsmaßstäben spiegelt sich die jeweilige wissenschaftliche Erkenntnis wider.

Solange die Riechstoffe oder andere vom Menschen abgesonderte geruchlose, giftige, gasförmige Stoffe als das Wesen der „schlechten Luft" galten, erblickte man in der Entfernung dieser Stoffe die Aufgabe der Lüftung. Nur war die Feststellung schwierig, bis zu welchem Grade die Luft durch diese Stoffe verunreinigt war.

Morin hatte im Jahre 1856 für ein großes Pariser Hospital den Lüftungsbedarf bei dem jeweiligen Geruch mit Hilfe seiner Geruchsempfindlichkeit bestimmt. Pettenkofer[1]) hielt an der Lehre von der Giftigkeit der Riechstoffe fest, suchte aber nach einem objektiven Maßstab zur Bestimmung der Riechstoffmengen. Er nahm an, daß die Ausscheidung der in der Atemluft vermuteten Giftstoffe in gleichem Maße wie die der Kohlensäure erfolge. Dagegen ist einzuwenden, daß die Riechstoffe der Zimmerluft ganz verschiedene Quellen haben, also nicht nur im Innern des

---

[1]) Pettenkofer, Abhandlung der naturwissenschaftl. u. techn. Kommission d. Kgl. Bayr. Akademie d. Wissenschaften 2, Heft 1. München 1857.

Menschen, sondern auch in seinem Äußern, in seiner Umgebung. Es hängt der Luftgeruch im Zimmer vor allem von der Sauberkeit seiner Insassen ab. Die Anhäufung der Riechstoffe in der Zimmerluft kann keineswegs proportional der Kohlensäureansammlung durch die Ausatmung sein. Andererseits kommen als Kohlensäureproduzenten im Zimmer neben der menschlichen Atmung doch noch ganz andere, sehr wechselnde Faktoren in Betracht, es sei nur an die Gasbeleuchtung erinnert. Pettenkofer hatte durch Vergleich riechender Raumluft mit deren Kohlensäuremenge festgestellt, daß bis zu $0,7^0/_{00}$—$1^0/_{00}$ Kohlensäuregehalt vorhanden sein kann, ehe sich die Luft durch üblen Geruch bemerkbar macht. Diese Grenze wird aber doch sehr von der persönlichen Empfindlichkeit gegen Geruch abhängen, auch wenn die anderen obenerwähnten Einflüsse außer Betracht bleiben. Sundell (1906/07) fand in Stockholmer Schulen selbst bei $2^0/_{00}$ Kohlensäuregehalt noch keine unangenehmen Geruchserscheinungen. Pettenkofers Kohlensäuremaßstab hat bis in die Neuzeit allgemein Verwendung gefunden zur Berechnung des Lüftungsbedarfes, weil es eben bisher an einem solchen gleich bequemen fehlte; denn den Vorzug der Einfachheit kann man der Berechnung des Lüftungsbedarfes nach Pettenkofers Theorie nicht absprechen: Man kennt die Kohlensäureproduktion des Schulkindes (0,010 cbm pro Stunde), kennt den Kohlensäuregehalt der Außenluft (0,0004 cbm), kann danach also den erforderlichen Luftwechsel berechnen, damit die Luft bei der zur Verfügung stehenden Raumgröße nicht über $0,7^0/_{00}$—$1^0/_{00}$ Kohlensäuregehalt erreicht. So würden z. B. bei 220 cbm Rauminhalt, 46 Kindern und einem Lehrer (beim Lehrer 0,020 cbm Kohlensäure pro Stunde) stündlich 953 cbm Luft nötig sein, um den Kohlensäuregehalt nicht über $1^0/_{00}$ kommen zu lassen, gleich einem 4,4fachen Luftwechsel. Letzterer muß noch häufiger werden, sobald auch noch Gasflammen als Kohlensäureproduzenten dazukommen. Brennen z. B. 8 Gasglühlichtkörper von je 40 Kerzen Lichtstärke, so werden 1273 cbm pro Stunde erforderlich, also 5,8facher Luftwechsel[1]).

Auf ganz anderer Grundlage hat Rietschel seinen Lüftungsmaßstab aufgebaut. Nachdem schon Hermans auf die Möglichkeit hingewiesen hatte, daß Wärme und Wasserdampf durch Er-

---

[1]) Beispiel nach Dietz, Ventilations- und Heizungs-Anlagen.

schwerung der Wärmeabgabe die Gesundheitsstörungen in über-
füllten Räumen verursachen können, hatte Rietschel als erster
1893 im „Leitfaden zum Berechnen und Entwerfen von Lüftungs-
und Heizungsanlagen" diese Annahme zur Berechnung des Lüftungsbedarfes verwendet. Wissenschaftliche Begründung erfuhr
Rietschels Verfahren durch die Forschungen der Flüggeschen
Schule. Rietschel will durch das Lüften das Überschreiten einer
bestimmten Raumtemperatur verhindern; die überschüssige Wärme
soll durch die Lüftungsanlage beseitigt werden. Die Lüftungsgröße
wird sich also nach der Wärmebildung im Raum und nach der
Außentemperatur zu richten haben. Bei Lüftung nach dem Riet-
schelschen Lüftungsmaßstab kommt daher auch der Zimmerheizung große Bedeutung zu. Flügge[1]) und seine Schüler, in
letzter Zeit besonders Reichenbach, haben Rietschels Ge-
dankengang noch weiter durchgeführt und gezeigt, daß es an und
für sich gar nicht auf den Luftwechsel ankommt, um die
die von Rietschel beabsichtigten Wirkungen zu erzielen, sondern nur auf die Regelung der Temperaturverhältnisse und der Luftfeuchtigkeit. Luftwechsel
ist nur insoweit erforderlich, als durch andere Faktoren
eine genügende Entwärmung des menschlichen Körpers
nicht gewährleistet werden kann.

Wasserdampfanhäufung in der Schulluft, die wir als eine
wesentliche Ursache für die Wärmestauung kennen lernten, läßt
sich nur durch Luftwechsel hinreichend regeln; ebenso ist zur Entfernung schlechten Luftgeruches der Luftwechsel nötig. Wenn
bisher auch noch keine Schädlichkeit der Riechstoffe nachgewiesen
worden ist, für das persönliche Wohlbefinden darf die Anhäufung
derselben in der Zimmerluft doch nicht eine gewisse Grenze überschreiten.

Die Ventilationsgröße nach Flügge wird häufig abweichen
von der nach dem Kohlensäuremaßstab berechneten, kann größer
oder kleiner sein, sie schwankt nach der Größe der Faktoren,
die für Temperatur und Feuchtigkeit der Schulzimmerluft in Betracht kommen (Temperatur der Außenluft, Besonnung, Bewegung der Außenluft, Zimmerbeleuchtung, Zimmerbesetzung,
Feuchtigkeitsgehalt, Wärmestrahlungs- und Wärmeleitungsver-

---

[1]) Flügge, „Über Luftverunreinigung, Wärmestauung und Lüftung in
geschlossenen Räumen", Zeitschr. f. Hygiene u. Infektionskrankh. *49*.

hältnisse im Zimmer). Wie sehr sich die Lüftungsgröße nach diesem
Maßstabe von der nach dem Kohlensäuremaßstab unterscheidet,
zeigt schon die Fortsetzung des oben angeführten Beispieles
(Dietz): Selbst wenn man $+ 25°$ C als mittlere Zimmerlufttemperatur zulassen würde, müßten bei Gasbeleuchtung 1800 cbm
Luft per Stunde geliefert werden, bei $+10°$ C Außentemperatur
und $+18°$ C Temperatur der eingeführten Luft. Dies entspricht
einem 8 fachen Luftwechsel; nach dem Kohlensäuremaßstab war
aber nur 5,8 facher Luftwechsel nötig. Der Kohlensäuremaßstab
beruht nicht nur auf irrigen wissenschaftlichen Voraussetzungen,
wie wir an früherer Stelle feststellen konnten, sondern er ist nach
unserem Beispiele auch unzulänglich für die Praxis; der nach ihm
berechnete Lüftungsbedarf ist bei Gasbeleuchtung zu klein, um
Schulzimmerüberhitzung zu vermuten.

Ganz gleich aber, nach welchem Maßstab die Lüftung erfolgt,
Schwierigkeiten werden sich immer ergeben, sobald die Berechnungen
mehr als fünfmaligen Luftwechsel pro Stunde erforderlich erscheinen
lassen. Denn ohne lästige Zugerscheinungen ist dieser meist nur
schwer durchzuführen. Hier findet Lüftung durch Luftwechsel
ihre Wirkungsgrenze, und es müssen noch andere Faktoren zur
Beschaffung und Erhaltung der den Schulinsassen nötigen Luftverhältnisse herangezogen werden. Wir dürfen uns nicht damit
begnügen, daß die Lüftungsanlage eine gewisse Größe des Luftwechsels gewährleistet, sondern müssen verlangen, daß die Anlage
im Verein mit den andern möglichen Faktoren vor allem bestimmte
Luftfeuchtigkeit, Lufttemperatur und Luftreinheit sichert, und
zwar so, daß die Schulinsassen nicht durch den Betrieb von Lüftung
und Heizung belästigt werden. Deshalb ist es aber auch unzureichend, die Fürsorge für gute Beschaffenheit der Schulluft allein
der Lüftungs- und Heizungsanlage zu überlassen. Bau und Einrichtung des Schulgebäudes, Schulbetrieb usw. müssen ebenfalls
das ihre dazu beitragen!

Welche Mittel und Einrichtungen stehen in der Praxis zur Lüftung und Heizung der Schulen zur Verfügung?

Lüftung.

Eine Beschreibung der verschiedenen Arten von Lüftungsanlagen, die in Schulgebäuden anzutreffen sind, gäbe eine Geschichte der gesamten Lüftungstechnik. Denn mannigfach sind die vorhandenen Einrichtungen: Fensterlüftung, Luftschächte im Mauerwerk, für Luftzufuhr oder Abfuhr oder auch für beides; Luftentnahme für jedes Zimmer einzeln direkt an der Fensterwand oder an der Korridorwand; Sammelanlage für das ganze Gebäude usw. Solbrig[1]) fand bei Untersuchung der Lüftungseinrichtungen:

von 28 Schulen dreier großer preußischer Stadtkreise

und 335 ,, von 9 Landkreisen

Drehscheiben, Glasjalousien in den Fenstern; Kippfenster; Luftlöcher primitivster Art über den Türen oder an anderen Stellen der Wand; Luftschächte in der Ofenwand mit 2 Klappen, eine für die Sommer-, eine für die Winterventilation.

Von den sämtlichen **Schulzimmern** hatten

442 = 44% Luftschächte und Kippfenster,

97 = 10% nur Luftschächte,

183 = 18% nur Kippfenster,

103 = 10% keine Lüftungseinrichtung,

mußten also durch Tür und Fenster lüften.

In den Stadtkreisschulen waren

4 Zimmer = 1,7% ohne Lüftungseinrichtungen,

190 Zimmer = 78% hatten Luftschächte und Kippfenster.

In den Landkreisen liegen nach diesem Berichte die Lüftungsverhältnisse anscheinend am schlechtesten. Woher die Rückständigkeit gerade auf dem Lande? Meint man, auf dem Lande für die Schulen den Segen zweckmäßiger Lüftung entbehren zu können, da die Kinder tagsüber noch genügend im Freien sind? Zum mindesten vergißt man dabei, daß der Lehrer unter solchen

---

[1]) Solbrig, Vierteljahrsschr. f. öffentl. Gesundheitspfl. 1909.

Umständen tagaus tagein an Räume mit ungünstigen Lüftungsverhältnissen gebunden ist. Sehr häufig wird die Ursache für ungenügende Lüftungseinrichtungen im Mangel an Verständnis für deren Bedeutung liegen. Dazu mag mancherorts auch noch die Bereitwilligkeit fehlen, für zweckmäßige Lüftungsanlagen größere Mittel aufzubringen. Hraba[1]) sprach 1904 von Böhmens Schulen:

„Wahr ist, daß auch am Land zweckmäßig, ja mustergültig eingerichtete Schulen sich vermehren, aber die Zeit ist noch nicht gekommen, daß die Gemeinden allgemein in der Schule die der Gemeinde, dem Volke und Staate nützlichste Institution sehen würden."

Auch heute, nach 10 Jahren, wird noch für so manche Schule, und zwar nicht nur in Österreich, sondern auch in Deutschland dieses Urteil zutreffen, wenigstens im Hinblick auf die vorhandenen Lüftungseinrichtungen.

Auch ohne künstliche Lüftungsanlagen besteht in geschlossenen Räumen fortwährend Luftaustausch durch die

natürliche Lüftung.

So nennt man den Luftwechsel durch die Undichtigkeiten der Zimmerumfassung, durch die Poren des Mauerwerks, durch die Fugen und Ritzen in Türen und Fenstern usw. Die Durchlässigkeit des Mauerwerkes für Luft hängt sehr von dessen Stärke und stofflicher Beschaffenheit ab. Feuchtigkeit setzt die Porenventilation herab, ebenso äußerer wie innerer Maueranstrich, besonders durch Ölfarbe. Zur Voraussetzung hat die natürliche Ventilation, daß zwischen Zimmer- und Außenluft ein Druckunterschied vorhanden ist, sei es infolge Luftbewegung oder Temperaturdifferenz. Bei windstillem Wetter und gleicher Innen- und Außentemperatur bleibt die natürliche Ventilation also unwirksam, womit auch die Möglichkeit zu Wärme- und Feuchtigkeitsaustausch schwindet. Breiting[2]) fand in einer Baseler Volksschule mit Doppelfenstern bei einem Temperaturunterschied von $11,7°—13°$ einen $0,12$ fachen Luftwechsel pro Stunde; in einer Schule mit einfachen Fenstern bei $3,3°$ Temperaturunterschied nur $0,075$ fachen Luftwechsel. Also selbst in kühler Jahreszeit bei Temperaturdifferenzen von

---

[1]) Hraba, „Die Lüftung und Heizung der Schulen".
[2]) Nach Wecknagel, Lüftung des Hauses. Leipzig 1894.

10°—13° ergibt die natürliche Ventilation kaum merklichen Luftwechsel. Derartige Lüftung ist in Schulen natürlich völlig ungenügend. Dafür bringt Rietschel[1]) treffende Beispiele. Die Schulzimmer hatten Ofenheizung und ganz unzureichende Ventilationsanlagen; ein Zimmer mit 260 cbm Rauminhalt war mit 50 Schülern im Alter von 11—13 Jahren besetzt; das andere war 240 cbm groß, hatte 35 Schülerinnen von 13—14 Jahren. Es stieg bei geschlossenen Türen und ohne Lüftung

die Temperatur		die relative Feuchtigkeit	
8^{20}—10^{10}	von 20,8 auf 23,8°	von 39,0 auf 58,3%
8^{20}—10^{10}	„ 19,4 „ 23,0°	„ 19,8 „ 54,4%
7^{50}— 9^{50}	„ 15,8 „ 22,4°	„ 38,0 „ 57,8%

vgl. auch die Tabellen Seite 9 (Wilhelmsschule).

Steigerungen der Feuchtigkeit und Temperatur wie in den angeführten Beispielen bringen für die Kinder die Gefahr der Wärmestauung. Daß die Beseitigung von Gerüchen durch die natürliche Ventilation ganz mangelhaft erfolgt, davon kann sich ja jeder überzeugen, der die Luft ungelüfteter Schulzimmer auf seine Nasenschleimhaut wirken läßt. Ja, selbst wenn frische Luft das Zimmer erfüllt, halten die Wände die Luftgerüche noch lange fest.

Diese Mängel der natürlichen Lüftung veranlassen Lehrer wie Schüler ganz von selbst zur Abhilfe durch die

Fensterlüftung.

Luftwechsel durch Öffnen der Fenster setzt ebenfalls voraus, daß Luftbewegung oder Temperaturunterschied zwischen Innen- und Außenluft besteht; andernfalls wird Austausch zwischen Innen- und Außenluft nie gelingen, mögen die Fenster noch so weit offen sein. Aber im Gegensatz zur natürlichen Ventilation läßt sich mit der Fensterlüftung auch schon bei geringen Druckdifferenzen größerer Luftwechsel erzielen. Beabsichtigt man, durch die Fensterlüftung Außenluft ins Zimmer hineinzubringen, muß die Windrichtung dementsprechend sein oder die Außenluft niedrigere Temperatur als die Zimmerluft haben. Bei abstehendem Winde aber, d. h. wenn der Wind vom Zimmer weggerichtet ist, oder wenn die Zimmertemperatur niedriger als die Außentemperatur ist, wirkt die Fensteröffnung saugend auf die Zimmerluft;

---

[1]) Rietschel, Gesunde Jugend *6*. 1910.

die Frischluftzufuhr aber erfolgt dann vom Flur her durch Undichtigkeiten der Türe usw. Damit entsteht auch die Möglichkeit, daß üble Gerüche aus dem Gebäude, Aborten usw. ins Zimmer angesogen werden.

Wesentlich für die Wirkung der Fensterlüftung muß die Größe der Fensteröffnung werden. Durch Öffnen sämtlicher Fenster läßt sich der Luftaustausch schneller erzielen als durch Öffnen etwa nur der oberen Flügel, gleiche Temperaturverhältnisse vorausgesetzt. Ferner hängt die Lüftungswirkung von der Lüftungsdauer ab. In erster Linie gilt dies für den Einfluß der Fensterlüftung auf die Temperatur der Schulluft; je länger die Dauer um so größer und anhaltender die Wirkung bei gleichen Wärmequellen im Zimmer. Vorübergehendes Öffnen aller Fenster kann schnell die Temperatur herabsetzen, nur hält dieser Erfolg nicht lange an; nach Schließen der Fenster geht die Temperatur sehr bald wieder in die Höhe. Kommt es darauf an, durch Fensterlüftung dauernd eine gewisse Temperatur im Zimmer zu erhalten, wird Dauerfensterlüftung nötig. Letztere wirkt im Gegensatz zur vorübergehenden Fensterlüftung nicht nur durch Abkühlen der Zimmerluft, sondern setzt auch die Temperatur der Wände herab, die ihrerseits wieder abkühlend auf die Zimmerluft wirken. So wird der Erfolg der Dauerlüftung ein nachhaltigerer. Von Größe und Dauer der Fensterlüftung wird auch der Keimgehalt der Schulzimmerluft energisch beeinflußt. Aus meinen Untersuchungen[1]) ging hervor, daß Dauerlüftung durch Öffnen der Fensterklappen die durch den normalen Unterrichtsbetrieb entstehende Keimvermehrung in der Schulzimmerluft nicht völlig verhindern konnte, doch die Zahl der Keime ganz bedeutend herabsetzt, mehr allerdings noch, wenn alle Fensterflügel geöffnet wurden. Auch kürzere Lüftungsdauer brachte schon günstige Erfolge. So sank die Zahl der Keime nach 15 Minuten langem Öffnen der Kippflügel von 84 auf 36 pro Untersuchungsschälchen. Oder ein anderes Beispiel: Die Kinder saßen zunächst ruhig auf ihren Plätzen bei offenen Fenstern und offenen Fensterklappen: 104 Keime. Dann war 25 Minuten Unterricht bei völlig geschlossenen Fenstern, nachher wurden Fenster und Fensterklappen wieder 10 Minuten lang geöffnet; während dieser letzten 10 Minuten wurden 8 Kolonien

---

[1]) Zeitschrift f. Schulgesundheitspfl. 1913, 2.

gezählt. Bei normaler Zimmerbenutzung ohne Fenster- oder Fensterklappenlüftung betrug die Keimmenge das 10—20fache vom obigen Befunde.

Am energischsten wird die Wirkung der Fensterlüftung sein, wenn die Druckdifferenz zwischen Innen- und Außenluft besonders hoch ist. Darin liegt aber gleichzeitig die Hauptschwäche der Fensterlüftung, mag die Druckdifferenz im wesentlichen auf Temperaturunterschied oder Bewegung der Luft beruhen. Dringen bei kalter Außenluft Luftströme in ein warmes Zimmer, senken sich diese am Fenster und streichen dann auf dem Fußboden hin. Die am Fenster sitzenden Kinder werden dadurch stark abgekühlt; außerdem bekommen sie und alle andern kalte Füße, während in Kopfhöhe die Luft reichlich warm sein kann. Sind die Druckdifferenzen mehr durch Luftbewegung veranlaßt, sei es, daß der Wind auf die Fenster drückt oder absaugend wirkt, wird die Fensterlüftung nicht weniger Nachteile haben. Die entstehenden Luftströmungen können für die am Fenster oder an der Tür sitzenden Schüler zum mindesten sehr lästig, wenn nicht gar gesundheitsschädlich werden. Der Lehrer braucht diesen Nachteil der Fensterlüftung gar nicht immer so störend zu empfinden, da für gewöhnlich sein Platz nicht am Fenster ist, und er auch mehr Gelegenheit zur Bewegung hat. Luftwechsel durch Fensterlüftung hat ferner den großen Nachteil, daß er sehr wenig nach dem Bedürfnis regulierbar ist. Beruht er z. B. auf der Luftbewegung, dann kann er am stärksten sein, wenn man ihn am wenigsten gebraucht und umgekehrt.

Zur Unterstützung der Fensterlüftung lassen sich noch die Druckdifferenzen zwischen Schulzimmer- und Korridorluft bzw. der an den Korridorfenstern anstehenden Luft heranziehen. Infolge Besonnung, Windrichtung oder Heizung können solche Differenzen noch vorhanden sein, wenn sie zwischen Zimmerluft und der an den Zimmerfenstern befindlichen Außenluft nicht mehr bestehen. Gleichzeitiges Öffnen von Tür und Fenstern ergibt dann die sogenannte

Zuglüftung.

Unter Umständen ist auch durch Öffnen der Fenster allein Zuglüftung zu erreichen, wenn mehrere Wände Fenster haben. Die Wirkung der Zugluft ist nicht für alle Teile des Zimmers gleichmäßig; sie betrifft in erster Linie den Raum, dessen Grenzen durch die Verbindungslinien zwischen Tür und Fenster gebildet werden

(Fig. 1). Die benachbarten Luftmassen werden durch Wirbel-
bewegung mit angezogen, während die Luft in den Zimmerecken
am wenigsten gewechselt wird. Mangenot[1]) schlug deshalb vor,
das Schulzimmer mit mehreren Türen und außerdem auch mit
Fenstern oberhalb dieser Türen
zu versehen. Letztere Art Fenster
finden sich ja schon vielerorts, sie
sind z. B. auch in den „Grundsätzen bei Aufstellung des Bres-
lauer   Schulbau - Programms"[2])
vorgesehen.

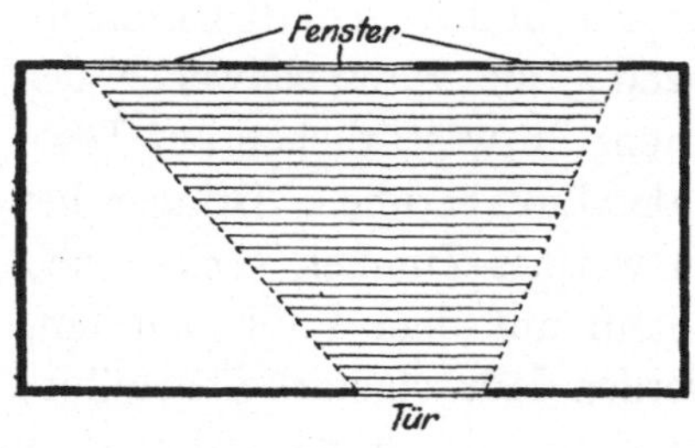

Fig. 1.

Die Erneuerung der Raum-
luft erfolgt bei der Zuglüftung
schneller als bei der einfachen Fensterlüftung. Je nach Stärke des
Winddruckes und der Höhe des Wärmeunterschiedes zwischen
Innen- und Außenluft braucht sie 1—5 Minuten, bei Windstille
und Wärmegleichheit etwa 10 Minuten.

Die Wirkung der Zuglüftung auf die Beschaffenheit der Schulluft
untersuchte Marx mit Hilfe von Kohlensäuremessungen. Es wurden in den Pausen um 10 Uhr und um 12 Uhr Fenster und Türen
geöffnet, die künstliche Lüftungsanlage während dieser Zeit jedoch
abgestellt.

	Schülerzahl	8 Uhr	10 Uhr		12 Uhr		1 Uhr
			vor	nach	vor	nach	
			der Pause		der Pause		
Erdgeschoß	24	$0{,}7^0/_{00}$	$2{,}6^0/_{00}$	$1{,}0^0/_{00}$	$3{,}1^0/_{00}$	$1{,}2^0/_{00}$	$2{,}3^0/_{00}$
I. Stock	23	$0{,}8^0/_{00}$	$1{,}7^0/_{00}$	$1{,}3^0/_{00}$	$2{,}8^0/_{00}$	$1{,}4^0/_{00}$	—
II. Stock	28	$0{,}8^0/_{00}$	$1{,}8^0/_{00}$	$1{,}1^0/_{00}$	$2{,}0^0/_{00}$	$1{,}5^0/_{00}$	$1{,}9^0/_{00}$

Die Wirkung der Zugluft in den Pausen ist also ziemlich intensiv, kann den Kohlensäuregehalt auf über die Hälfte herabsetzen,
hält aber nicht einmal eine Stunde an.

Noch wertvoller zur Beurteilung der Zuglüftung sind die
Untersuchungsergebnisse, die vom hygienischen Institut in Bonn
auf der Internationalen Hygiene-Ausstellung in Dresden mitgeteilt
wurden. Sie betreffen Versuche, bei denen vor allem auf Lufttemperatur und Luftfeuchtigkeit geachtet wurde[3]).

---

[1]) Mangenot, Revue d'Hyg. *17*, 150. 1895.
[2]) Oebbecke, Schulhygien. Einrichtungen. Festschr. 1913.
[3]) Vgl. Selters, Führer durch die Gruppe Schulhygiene.

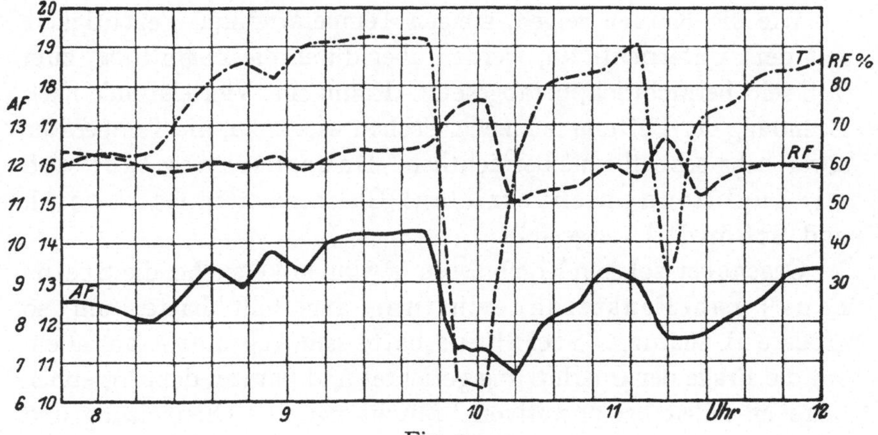

Fig. 2.

Beobachtung am 10. März 1909 in einer Klasse der Stiftsschule in Bonn, 800 cbm Rauminhalt mit 60 Schülern im Alter von 11—13 Jahren. Ventilation mit Luftkanälen und Fensterklappen. Niederdruckdampfheizung. — Die Fensterklappen bleiben während des Unterrichts geschlossen, auch in der ersten Pause. Von 9^{50} bis 10^{10} und von 11^{05} bis 11^{10} kräftige Durchlüftung. Außentemperatur um 10 Uhr 4°, relative Feuchtigkeit 55%.
—.—.—.— Temperatur (C), — — — relative Feuchtigkeit = R. F.
——— absolute Feuchtigkeit = A. F.

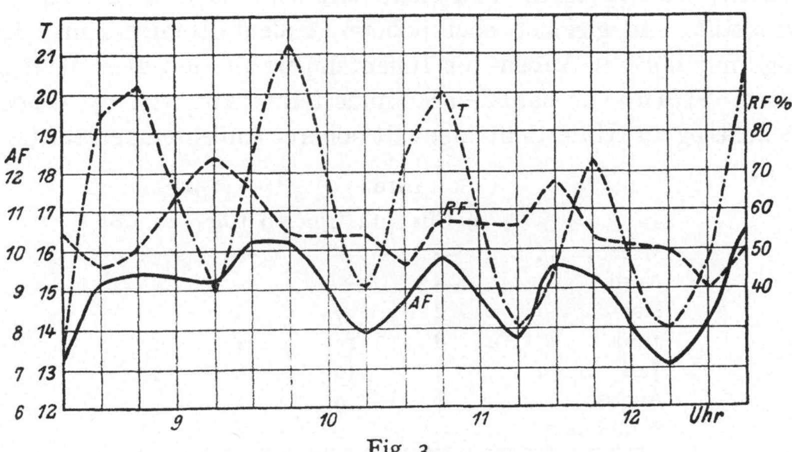

Fig. 3.

Beobachtung am 11. Dezember 1909 in einer Klasse des Königl. Gymnasiums in Bonn. Untertertia mit 31 Schülern. Außentemperatur 10 Uhr 5°; absolute Feuchtigkeit 5,2 g; relative Feuchtigkeit 85%.
—.—.—.— Temperatur (C),— — — relative Feuchtigkeit = R. F.
——— absolute Feuchtigkeit = A. F.

Wie die Kurven zeigen, steigen Temperatur und Feuchtigkeit mit dem Unterrichte an, werden aber durch die Zuglüftung, zum Teil sehr beträchtlich, herabgesetzt. Kaum eine Viertelstunde nach Beendung der Lüftung nehmen sie schon wieder zu, die Temperatur sogar sehr schnell und beträchtlich. Dauerwirkung läßt sich mit Zuglüftung nicht erzielen! Gleiches hatten Dankwarth und Schmidt[1]) festgestellt.

Gegenüber solchen Ergebnissen gewinnen Versuche, die Steinhaus[2]) mit Fensterdauerlüftung angestellt hatte, um so größere Bedeutung. Steinhaus hatte sein Augenmerk vor allem auf die Frage der Überhitzung gerichtet und kam zu dem Ergebnis, „daß es selbst bei primitiven Einrichtungen — Ofenheizung und gänzlich mangelhafte künstliche Ventilationseinrichtung — gelingt, durch Offenhalten der Kippflügel der Oberlichter an den Fenstern Wärmestauungen zu verhüten und bezüglich der Klassenlufttemperatur und -feuchtigkeit hygienisch einwandfreie Verhältnisse zu erhalten, und zwar für den ganzen Vormittag (Temperatur zwischen $+18°$ und $+20°$C, relative Feuchtigkeit zwischen 45 und 60%)".

Nach unseren früheren Ausführungen über die Fensterlüftung lassen sich solche Ergebnisse aber nur erzielen, wenn Druckdifferenzen zwischen Innen- und Außenluft vorhanden sind, nicht bei Windstille und gleicher oder höherer Außenlufttemperatur. Die Tage mit höherer Außen- als Innentemperatur sind aber nicht zu selten. Steinhaus nahm eine Zimmertemperatur von 19° C noch als zulässig an; Unterrichtstage mit höherer Außentemperatur fand er dann:

	1910		1911	
	9 Uhr	12 Uhr	9 Uhr	12 Uhr
März	—	—	—	2
April	—	—	—	—
Mai	2	7	2	12
Juni	8	14	4	7
Juli	4	10	16	22
August	1	9	3	3
September . .	—	2	3	8
	15	42	28	54 Tage.

Während der Heizperiode werden also im allgemeinen die zur Dauerlüftung erforderlichen Temperaturdifferenzen zwischen Innen-

---

[1]) Schmidt, Zuglüftung. 1898.
[2]) Steinhaus, Zeitschr. f. Schulgesundheitspfl. 1913, Heft 1.

und Außenluft vorhanden sein, obwohl auch in den kälteren Monaten Tage mit höherer Außentemperatur als 19° C, um die Mittagszeit, ab und zu vorkommen. Steinhaus zählte im Januar 1910 4, 1911 4, im Dezember 1910 9, 1911 9 derartige Tage. (Sie fielen zufälligerweise sämtlich in die Ferien.)

In den wärmeren Monaten wird zur Dauerfensterlüftung mindestens die Zuglüftung zu Hilfe genommen werden müssen. Jedoch auch für letztere wird es oft genug an den erforderlichen Druckdifferenzen zwischen Innen- und Außenluft fehlen. Wenn der Unterrichtsbetrieb nicht ernstlich leiden soll, ist die Zuglüftung mehr in den Pausen durchzuführen; in der zwischenliegenden Unterrichtszeit werden dann die Kinder nicht zu selten unter den Folgen der Wärmestauung leiden, sobald Temperatur und relative Feuchtigkeit wieder zu sehr angestiegen sind. Um in den Pausen die Zuglüftung durchführen zu können, bedarf es der Erfüllung gewisser Voraussetzungen. Zunächst brauchen die Kinder einen Raum, wo sie sich während der Lüftung vom Zuge unbelästigt aufhalten können. Die Flure bieten für größere Kindermassen nicht immer den nötigen Platz, sodaß besondere Erholungsräume erforderlich sind, wenn der Aufenthalt im Freien nicht angängig ist. Bei Ansammlung großer Kindermengen in solchen Räumen kann es natürlich leicht zur Verschlechterung der Raumluft kommen, Staubbildung usw., Nachteile, die den sonstigen Nutzen der Durchzuglüftung sehr verringern können. Im Schulbetrieb bringt die Zuglüftung Schwierigkeiten mit sich, die in Wohnräumen bei weitem nicht derartig zur Geltung kommen.

Auch die Fensterdauerlüftung läßt sich in den Schulen nicht mit dem Nutzen wie in Wohnräumen verwenden. Ich erwähnte schon oben, daß infolge des Sitzzwanges die Kinder sich gegen eventuelle Zugwirkung nicht schützen können; außerdem werden es immer die gleichen Kinder sein, die den Gefahren des Zuges besonders ausgesetzt sind. Aber noch durch andere Einflüsse kann es sehr erschwert werden, Fensterdauerlüftung planmäßig durchzuführen. Liegt das Schulzimmer an einer geräuschvollen Straße, kann es keinem Lehrer verdacht werden, wenn er während des Unterrichtes auf die Fensterlüftung verzichtet. Auch Witterungsverhältnisse, rauchige, staubige, rußige Luft, werden das Fensteröffnen sehr verleiden. Durch entsprechende Wahl des Schulbauplatzes kann solchen Einflüssen ja zum Teil vorgebeugt werden; daraufhin aber für ein Schulgebäude nur Fensterlüftung vorzusehen, dürfte doch gewagt sein, besonders in Städten. Denn oft genug entwickeln sich Verkehr oder Industrieanlagen nach vorher gar nicht zu bestimmender Richtung hin. Den Hauptnachteil der Fensterdauerlüftung sehe ich aber darin, daß sie so häufig — nicht angewendet wird, wo sie nötig ist! Die Lüftungsvorschriften können noch so streng sein, das Fensteröffnen können und werden sich manche Lehrer nie angewöhnen, da sie gar kein Bedürfnis danach empfinden, sei es, daß sie selbst infolge Krankheit usw. empfindlich sind gegen Wärmeverlust, sei es, daß sie in der Hitze des Gefechtes die Erhöhung der Zimmertemperatur nicht bemerken, oder weil sie sich an hohe Lufttemperaturen gewöhnt haben. Und wie verschieden das Wärmebedürfnis der einzelnen Lehrer ist, dafür kann wohl jeder aus seiner Schulzeit Beispiele erbringen: Der Lehrer in der ersten Unterrichtsstunde konnte es nicht warm genug bekommen, in der 2. Stunde aber unterrichtete ein Lüftungsfanatiker, der die Fenster wieder aufriß — die Leidtragenden waren die Kinder. Anders verhält es sich mit der Dauerfensterlüftung nachts über. Zunächst fällt bei dieser die Belästigung der Zimmerinsassen hinweg, und dann ist sie infolge der nächtlichen Abkühlung der Außenluft auch viel wirksamer. Kühlen die Wände während der Nacht hinreichend aus, können sie am Tage sehr wohl regulierend auf die Zimmerlufttemperatur wirken. Nur hat es, besonders in großen Schulgebäuden, seine Bedenken, nachts über die Zimmerfenster offen zu lassen, da es bei plötzlich einbrechendem Unwetter nur schwer möglich sein wird, schnell genug alle Fenster zu schließen.

Während der Unterrichtszeit, resp. in den Pausen, ist Zuglüftung wie Dauerlüftung durch Fenster nur unter gewissen Voraussetzungen durchführbar. Und selbst dann ist deren Wirkung noch von so viel Umständen abhängig, und zwar sehr häufig von solchen, die unserer Beeinflussung nicht unterliegen, daß die Lüftung ungenügend werden muß, wenn nur Fensterlüftung oder Zuglüftung möglich ist. Andererseits bin ich aber der Meinung, daß zur Unterstützung für vorhandene künstliche Lüftungseinrichtungen die Fensterlüftung in den Schulen unentbehrlich ist, und daß jedes Schulgebäude ungenügend ist, in dem ausgiebige Fensterlüftung nicht möglich ist. Nur durch Fensterlüftung können schlechte Gerüche im Zimmer,

Überwärmung oder großer Staubgehalt, schnell beseitigt werden. Und außerdem empfinden es unsere Lungen immer angenehmer, in tiefen Zügen die durch das Fenster einströmende frische Luft als die der Lüftungskanäle zu atmen. Auch aus erzieherischen Gründen muß verlangt werden, daß das Kind schon durch die Schule an das Fensterlüften gewöhnt wird; es wird dessen Wert aber leicht verlernen, wenn nur die Kanäle frische Luft zuführen. Unser Volk ist noch lange nicht genug zur Wertschätzung frischer Luft erzogen, ein Gang durch die Wohnräume kann das täglich lehren.

Aufgabe der Technik ist es, Einrichtungen zu schaffen, die das Fensterlüften in Schulen leicht ermöglichen; der Schulbetrieb aber soll an seinem Teile etwaige Nachteile des Fensterlüftens mildern oder ganz beseitigen. Fensterlüftung während der Heizperiode hat zur Voraussetzung, daß die Heizung imstande ist, zu starke Herabsetzung der Zimmertemperatur schnell wieder auszugleichen; deshalb ist schon bei Anlage der Schulzimmerheizung die Möglichkeit der Fensterlüftung mit in Rechnung zu stellen.

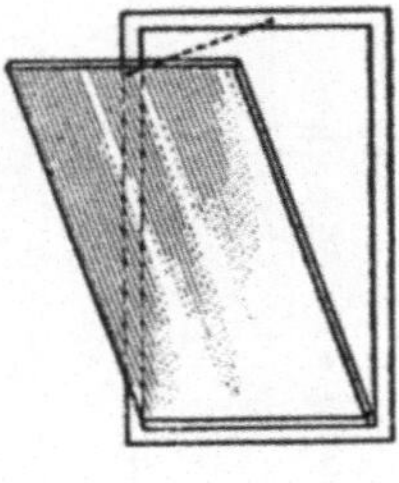

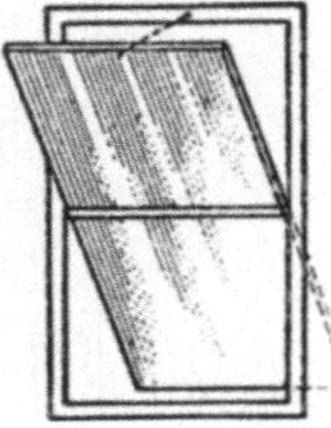

Fig. 4. Fig. 5.

Zur Lüftung kann man das Fenster als ganzes oder auch in seinen Teilen benützen. Ersteres geschieht häufig in Turnhallen, um für den großen Raum große Lufteintrittsöffnungen zu gewinnen; es wird dann das ganze Fenster um die untere Kante (Fig. 4) oder um die mittlere Querachse gekippt (Fig. 5). In Turnhallen verdienen derartige Fenster den Vorzug, wenn nahestehende Turngeräte das sonst übliche Öffnen der unteren Fensterflügel behindern würden. In den Lehrzimmern sind die Fenster meist geteilt, Öffnen der unteren Fensterflügel wird in der Regel die größere Lüftungsöffnung gewähren. Zweckmäßig ist es, wenn die Fenster nicht nur in einer maximalen Stellung, sondern beliebig weit offen gehalten werden können. Die üblichen Fensterklötzer sichern nur die maximale Fensteröffnung, sind überdies gerade in Schulen meist gar nicht mehr vorhanden, wenn man ihrer bedarf. Da nützt es auch nicht viel, die Klötzer an Ketten zu hängen, denn Kinder widerstehen nur schwer der Versuchung, die Verbindung von Klotz

und Kette zu lösen. Von den vielen sonstigen Vorrichtungen zum
Feststellen der geöffneten Fenster verdienen in Schulen nur die
einfachen, haltbaren und geräuschlosen Konstruktionen den Vorzug. Öffnen der unteren Fensterflügel kann unter Umständen den
Gang an der Fensterseite sehr einengen, so daß der Zutritt zu den
dort sitzenden Kindern behindert wird; auch die Nachteile des
Luftzuges oder zu starker Abkühlung können in größerem Maße
auftreten. Für längeres Lüften verdient daher Öffnen der oberen
Fensterflügel den Vorzug. Meist sind dazu besondere Lüftungseinrichtungen angebracht, durch die das obere Fenster geteilt oder
als ganzes mehr oder weniger weit geöffnet werden kann. Kippfenster, durch Kettenzug oder Hebelwirkung betätigt, halte ich

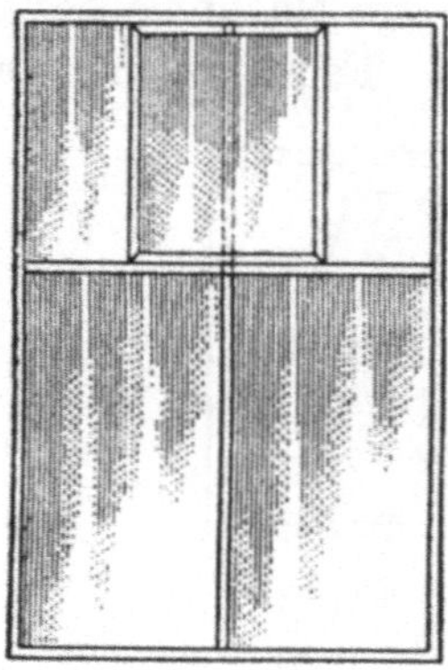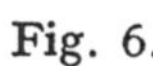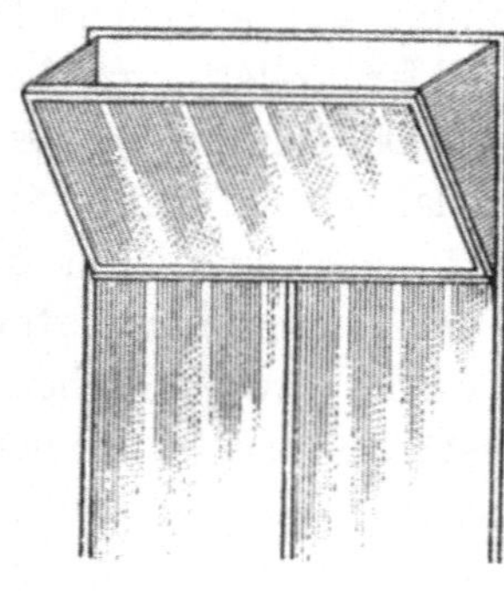

Fig. 6.   Fig. 7.

in Schulen für besonders geeignet. Weniger zweckmäßig fand ich
die Oberfensterlüftung durch seitliches Verschieben des einen
Flügels (Fig. 6), mangelhaftes Schließen, Klemmen beim Gleiten
der Fenster war häufig zu beobachten.

Klagen über mangelhaftes Schließen, oft auch völliges Versagen
beim Öffnen oder Schließen, kehren immer wieder, wenn die Lüftung durch Glasjalousiescheiben erfolgt. Empfehlenswert ist
es, wenn bei Kippfenstern seitliche Schutzbleche angebracht
werden, um das direkte Herabfallen eindringender kühler Luft
einzuschränken. (Fig. 7.)

Noch wirkungsvoller gegen Kälteeinfluß bei Fensterlüftung ist
aber richtige Aufstellung der Heizung. Befindet sich die Wärmequelle den Fenstern gegenüber an der Innenwand des Zimmers,
so senken sich die durch das Fenster eindringenden kalten Luft-

ströme an der kalten Fensterwand zum Fußboden, bewegen sich
auf diesem hin bis zum Ofen, werden dort erwärmt und steigen
zur Decke empor (Fig. 8). Kalte Luft an den Füßen, warme Luft in
Kopfgegend muß die Folge sein. Selbst bei geschlossenen Fenstern
wird sich die Luft in der angegebenen Richtung bewegen, da sie
sich bei kühler Außentemperatur immer wieder an den Fenstern
abkühlt und deshalb zum Boden sinkt. Steht der Heizkörper aber
an der Fensterwand, so wird die Luftschicht oberhalb desselben
und mit ihr auch die durch das Fenster eingedrungene kühle Luft
durch Erwärmung aufwärts getrieben und unter der Zimmerdecke
entlang bis zur Innenwand geführt, wo sie sich dann wieder zu
Boden senkt; am Heizkörper aber erhält die
Luftströmung aufs neue die Richtung nach
aufwärts (Fig. 9). Noch gleichmäßiger wird
die Wärmeverteilung, wenn die Heizkörper
entlang der ganzen Fensterwand aufgestellt
werden können.

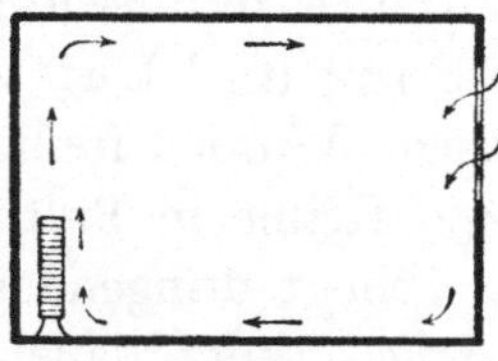

Fig. 8.

Vorübergehend läßt sich Fensterlüftung
auch bei kalter Witterung ohne Gefährdung
der Kinder durchführen, wenn gleichzeitig
Körperübungen vorgenommen werden;
denn die Körperbewegung ersetzt den Kindern den Wärmeverlust, den ins Zimmer
eindringende kühle Luft verursachen kann.
Voraussetzung ist natürlich, daß die Körper-

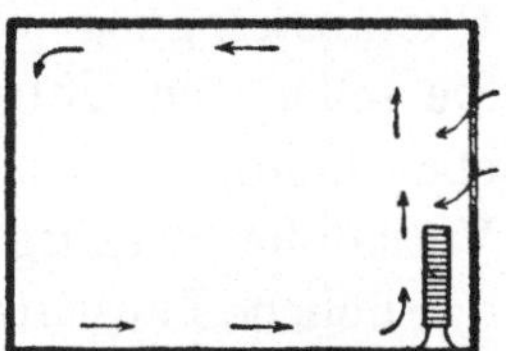

Fig. 9.

bewegungen keine Verschlechterung der Luft durch Staub-
aufwirbelung verursachen. Stärkeres Umherlaufen der Kinder
im Zimmer oder Übungen mit lebhaften Beinbewegungen sind
bei solchen Körperbewegungen zu vermeiden; ebenso ist es verkehrt, wenn beim Zimmerturnen der Kopf zu nahe dem Boden
kommt, da ja der Staub- und Keimgehalt der Schulluft in der
Nähe des Bodens am größten sind. Aus meinen Versuchen gebe
ich im folgenden einige Beispiele für die Wirkung des Fensterlüftens
auf den Luftkeimgehalt bei gleichzeitigem Zimmerturnen; es
kommt dabei mehr die relative als die absolute Höhe der erhaltenen
Keimzahlen in Betracht. Zuerst ließ ich die Kinder still sitzen,
bei geschlossenen Fenstern: 84 Keime; dann wurden die Fensterklappen geöffnet und 10 Minuten lang geturnt: 36 Kolonien. —
In einer anderen Versuchsreihe waren während 3 Versuche Fen-

ster und Fensterklappen stets geöffnet. Beim ersten saßen die
Kinder ruhig auf ihren Plätzen: 104 Keime. — Dann wurden alle
Fenster und Fensterklappen geschlossen und der Unterricht fort-
gesetzt. 25 Minuten nach dem ersten Versuch fand bei wieder-
geöffneten Fenstern und Fensterklappen und bei Stillsitzen der
Kinder eine abermalige Luftuntersuchung statt: 8 Keime! Unmittelbar danach eine weitere Untersuchung bei Zimmerturnen,
unter gleichen Lüftungsverhältnissen: 12 Keime. Also trotz
Turnen der Kinder fast die gleiche Zahl der Kolonien wie beim
Stillsitzen unmittelbar vorher, und nicht einmal der 8. Teil von dem
Keimgehalt 35 Minuten zuvor. Es läßt sich also das Zimmerturnen bei Fensterlüftung so ausführen, daß Körper-
übung und Luftverbesserung gleichzeitig erreicht werden. Wurden freilich die Füße stärker bewegt, dann gab es z. B.
459 Keime in Pulthöhe, am Fußboden aber 930!

Nicht dringend genug kann ich den Lehrern empfehlen, der-
artiges, kurz dauerndes Turnen unter Bevorzugung der Atemübungen regelmäßig vornehmen zu lassen. Bei Vermeidung von
Überanstrengung muß vermehrte geistige Frische die Folge sein.
Sie sollen den Unterricht auf kurze Zeit unterbrechen, und zwar
eben dann, wenn eine kurze Pause gerade am nötigsten ist. Die
Vornahme derartiger Übungen halte ich für zweckmäßiger als
das übliche Pausenturnen. Die Verbindung von Leibesübungen mit
Atemübungen steigert den Verbrauch von Sauerstoff und die Bildung von Kohlensäure. Durch den vermehrten Gasstoffwechsel
werden vermehrte Spannkräfte auch für die sonstigen Funktionen
des Körpers frei; ferner dienen die Übungen zur Pflege der Atem-
organe. Durch die Bewegung der Kinder werden gleichzeitig die
warmen Luftschichten, die jedes einzelne Kind umgeben, zerteilt,
so daß eine bessere Wärmeabgabe ermöglicht wird. Die durch
das offene Fenster einströmende kühle Luft wirkt auf den sich be-
wegenden Körper als anregender Hautreiz und veranlaßt durch
Einfluß auf die Hautblutgefäße Regulierung des Blutdruckes, beseitigt Blutstauungserscheinungen usw. Ich halte aus diesem Grund
auch für sehr beachtlich und wert der Ausführung, was Dr. Luther
H. Gulick vorgeschlagen hat[1]): Im Verlaufe der Unterrichtszeit
soll die Zimmertemperatur zeitweilig herabgesetzt werden, z. B.

---

[1]) D. D. Kimball, Gesundheitsingenieur *36*. Nr. 10.

bei 20° C als Grundtemperatur für einige Minuten auf 10°, etwa einmal aller zwei Stunden; während der Luftabkühlung sollen die Kinder in Bewegung sein.

Künstliche Lüftung.

Die Wirkung der künstlichen Lüftungsanlage soll allen Insassen des Schulraumes gleichmäßig zugute kommen. Soweit zur Erzielung gewünschter Luftverhältnisse Luftwechsel nötig ist, soll derselbe ohne Zugerscheinungen vor sich gehen. Temperatur und Schnelligkeit der einströmenden Luft bedürfen also besonderer Beachtung. Außerdem hat die künstliche Ventilationsanlage auch noch den Zugerscheinungen Rechnung zu tragen, die durch Druckdifferenzen zwischen Innen- und Außenluft entstehen. Künstliche Herstellung eines Überdruckes, so daß nur Luftströmungen von innen nach außen auftreten können, wird die Zimmerinsassen am besten gegen Zug dieser Art schützen. Ermöglicht eine Lüftungsanlage unter allen Verhältnissen Überdruck in den Lehrzimmern, so wird sie schon dadurch der Fensterlüftung bedeutend überlegen. Lüftung mit Unterdruck kommt nur für die Schulräume in Betracht, in denen nicht so sehr die Zuführung einwandfreier Luft als vor allem die Entfernung der vorhandenen Luft erstrebt wird. Dazu gehören in erster Linie die Schulaborte. Überdruck in den Aborträumen würde mit der Luft die Gerüche nach den Fluren, in das Schulgebäude hineintreiben. Auch die Flure sollen keinen Überdruck haben, damit nicht durch die Türspalten störende Luftströmungen in die Lehrzimmer eintreten.

Der Wechsel der Raumluft läßt sich durch Luftzufuhr wie durch Luftabfuhr erreichen; in der Praxis werden beide Möglichkeiten getrennt oder gemeinsam verwendet.

Als Kräfte zur Erzielung der erforderlichen Luftwechsels dienen in Schulen

a) Bewegung der Außenluft (Wind),
b) Temperaturdifferenzen,
c) Ventilatoren.

Die Kraft des Windes wird in Schulen vor allem für die Entlüftung benutzt. Man versieht die Mündung der Schächte über Dach mit Aufsätzen, sogenannten Deflektoren, die derartig konstruiert sind, daß die darüber hinwegstreichende Luft stets saugend auf die Schachtmündung wirkt (Fig. 10). Der Erfolg dieser Vorrichtung besteht in der Beförderung der Luftabfuhr; ihre Wirksamkeit ist aber an das Vorhandensein von Außenluftbewegung gebunden. In Dachhöhe mehrstöckiger Gebäude fehlt diese ja selten, ihre Stärke ist aber derartig wechselnd, daß gleichmäßige Entlüftung durch Deflektoren allein nicht möglich ist. Zur Lüftung einzelner Räume z. B. der Aborte können diese Apparate auch im Schulgebäude genügen, im übrigen aber werden sie Verwendung finden zur Unterstützung der Luftbewegung durch Ventilator oder Wärmeauftrieb.

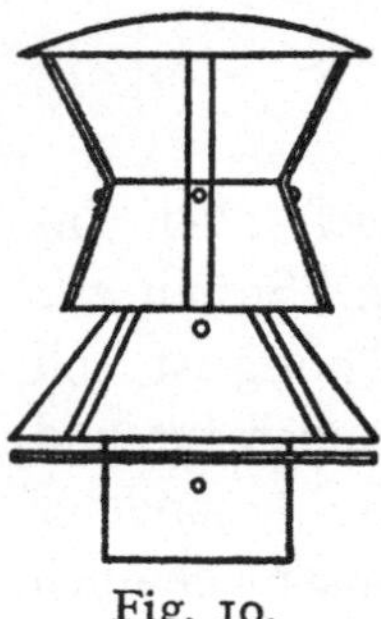

Fig. 10.

Alle künstlichen Ventilationsanlagen setzen das Vorhandensein von besonderen Kanälen im Mauerwerk voraus, die der Luftzufuhr oder Luftabfuhr dienen. Diese Kanäle liegen derart in den Wänden, daß sie möglichst unabhängig von den Einflüssen der Außenwitterung sind. Zur Erzielung von Überdruck gibt man im allgemeinen den Mündungen der Zuführungskanäle einen größeren Querschnitt als denen der Abführungskanäle. Die Kanalmündungen im Zimmer müssen so liegen, daß die beabsichtigte Lüftungswirkung auf den ganzen Raum gleichmäßig verteilt wird. Beruht der Luftwechsel auf Temperaturdifferenz, so ist es sehr wesentlich, ob durch die Lüftung der betreffende Raum warm erhalten oder entwärmt werden soll, da sich danach die Anordnung der Zu- und Abluftöffnung richtet. Bei beabsichtigter Zimmererwärmung kann die Zufuhr angewärmter Luft

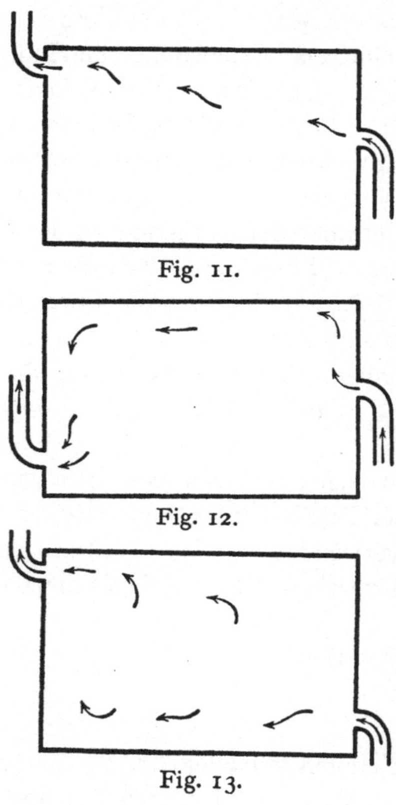

Fig. 11.

Fig. 12.

Fig. 13.

beliebig hoch erfolgen, sofern eine Belästigung der Kinder vermieden wird. Anders verhält es sich mit der Lage der Abfuhröffnung.

Wird oben, in der Nähe der Decke, entlüftet, stellt sich ein direkter Luftstrom zwischen der Zu- und Abluftöffnung her, so daß sich die zugeführte Luft kaum durch das ganze Zimmer verbreitet (Fig. 11). Liegt aber die Abluftöffnung dicht über dem Fußboden, wird angewärmt eingeführte Luft erst entweichen können, nachdem sie sich von der Decke nach dem Boden gesenkt hat (Fig. 12).

Zur Entwärmung des Zimmers muß die **Luftabführung** in Deckennähe erfolgen, da dort die wärmsten Luftschichten sind. Die **Zufuhr kalter Luft** geschieht in Fußbodennähe, von wo sie durch die natürliche Erwärmung aufwärts bewegt wird (Fig. 13). Diese Art der Luftzufuhr hat aber den großen Nachteil, daß die kühle Luft in Fußgegend einströmt, wo die Abkühlung am wenigsten nötig ist und auch am unangenehmsten empfunden wird. Bis die Luft in Kopfhöhe gelangt, ist sie meist schon derartig wieder angewärmt, daß sie nicht mehr kühlend wirkt.

Sobald der Luftwechsel nicht durch Temperaturdifferenzen, sondern durch Maschinenkräfte bewirkt wird, hat die Lage der Kanalöffnungen für den Lüftungserfolg nicht derartige Bedeutung.

Ventilatorlüftung.

Mit Hilfe von Motoren (Ventilatoren) läßt sich zu jeder Jahreszeit Überdruck wie Unterdruck in den Räumen herstellen. Für die Lehrzimmer kann nach unseren früheren Ausführungen nur die Überdrucklüftung in Betracht kommen. Bei zentraler Lüftungsanlage wird die Luft von einer oder mehreren Luftkammern aus in Kanälen durch die Ventilatorkraft hoch getrieben und auf die Zimmer verteilt. Die **Entlüftung** kann ebenfalls durch Kanäle erfolgen (Fig. 14a und b), oder kann der natürlichen Ventilation durch die Poren der Wand, Ritzen und Spalten an Fenstern wie Türen überlassen werden

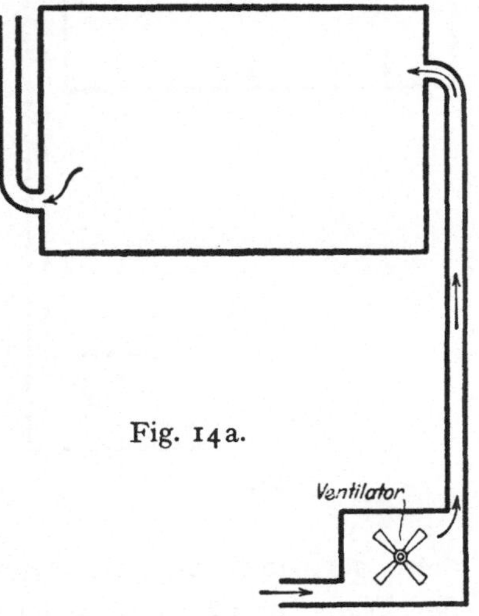

Fig. 14a.

(Fig. 15). Letztere Art der Entlüftung sorgt aber nur mangelhaft für Entwärmung und Beseitigung übler Gerüche. Selbst bei Vorhandensein von Luftabführungskanälen kann die **Entlüftung** noch unsicher sein, solange sie nicht ebenfalls durch motorische Kraft geregelt wird. Fig. 14b zeigt zur Luftentfernung noch einen besonderen Absaugventilator. Bei Lüftungsanlagen letzterer Art werden Störungen vermieden, wie sie z. B. Steinhaus[1] von einfacher Pulsionslüftung berichtet: Behinderung der Luftbewegung, ja sogar Umkehr derselben im Abluftkanal. Für Verwendung absaugender Ventilatoren zur Luftentfernung ist natürlich Voraussetzung, daß der Überdruck im Zimmer erhalten bleibt.

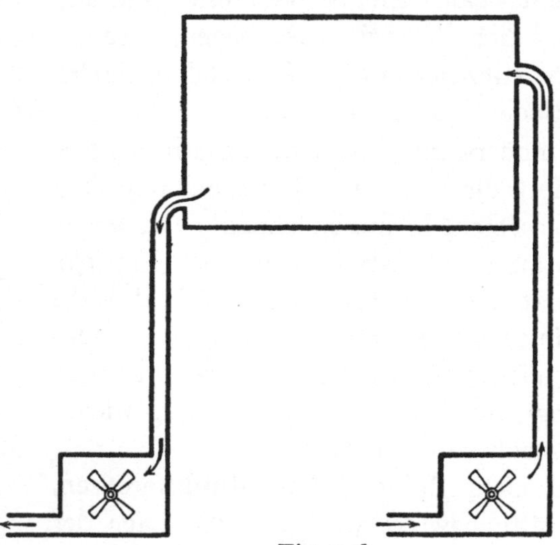

Fig. 14b.

Um die Luft zugfrei ins Zimmer einführen zu können, bedürfen Temperatur und Geschwindigkeit der einströmenden Luft entsprechender Regelung. Während bei Einführung warmer Luft kaum störender Zug entsteht, kann er sehr unangenehm auftreten, wenn es sich darum handelt, zur Abkühlung kühle Luft in das Schulzimmer hineinzupressen. Rietschel hat jedoch nachgewiesen, daß es möglich ist, Luft bis zu $+15°\,$C zugfrei einzuführen, wenn der Luftschacht nahe der Decke und in einem Winkel von $30°$ gegen diese gerichtet mündet. Durch die Einführung kühler Luft an der Decke erzielt man gleichzeitig den Vorteil abgekühlter Luft-

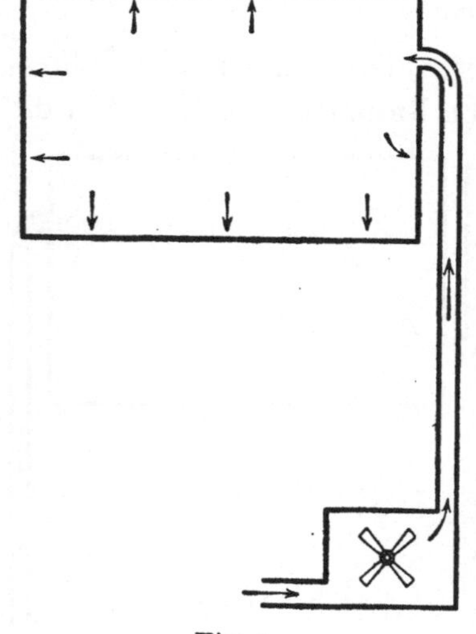

Fig. 15.

---

[1] Steinhaus, Zeitschr. f. Schulgesundheitspfl. *1.* 1913.

schichten in Kopfhöhe der Kinder. — Zugerscheinungen durch
zu große Geschwindigkeit der einströmenden Luft lassen sich im
allgemeinen vermeiden, wenn nicht mehr als 4- bis 5 maliger Luftwechsel pro Stunde erstrebt wird. Diese Grenze ist aber keine
absolute, da ja die Empfindlichkeit gegen Zug individuell sehr
schwankend ist. Bei entsprechender Erziehung und Gewöhnung
läßt sich sogar 6 bis 8 maliger Luftwechsel durchführen, ohne daß
Klagen über lästigen Zug kommen.

Lüftung durch Temperaturdifferenzen.

Die Lüftung durch Temperaturdifferenzen ist in Deutschland
bisher noch die verbreitetste Lüftungsart. Ihre Wirkung beruht
auf Temperaturdifferenzen zwischen zu- und abströmender Luft.
Es gelingt dadurch, kalte wie warme Luft in das Zimmer hinein
und aus ihm heraus zu befördern. Warme Luft gelangt durch
Wärmeauftrieb in das Zimmer und kann durch gleiche Kraft auch
wieder abgeführt werden; oder sie kühlt sich im Zimmer ab, senkt
sich und wird dann von einem Kanal abgesogen. Kalte Luft kann
durch ihre Schwere ins Zimmer gelangen, oder wird von der im
Zimmer aufsteigenden Luft angesaugt. Bei der Lüftung durch
Temperaturdifferenzen handelt es sich also nicht um einheitliche
Bewegungsvorgänge der Luft. Austausch zwischen Zimmer- und
Außenluft erfolgt nach Rubner nur dann, wenn die Außenluft
mindestens 5 ° C kühler ist. Den Anlaß zur Bildung von Temperaturdifferenzen geben äußere Witterungseinflüsse und Wärmequellen
im Schulhaus (Insassen, Heizung, Beleuchtung).

Die Ventilationsanlagen mit Hilfe vom Temperaturdifferenzen
lassen sich in 3 große Gruppen trennen:
1. Anlagen mit künstlicher Luftabführung, ohne künstliche
   Luftzuführung,
2. Anlagen mit künstlicher Luftzuführung, ohne künstliche
   Luftabführung,
3. Anlagen mit künstlicher Luftzu- und Luftabführung.

1. Anlagen mit künstlicher Luftabführung, ohne künstliche Luftzuführung (Fig. 16).

Die frische Luft gelangt nur durch natürliche Ventilation ins
Zimmer, schwankend nach ihrer Menge und auch in ihrer Qualität
ganz von Zufälligkeiten abhängig. Luftwechsel ist nur dann mög-

lich, wenn im Zimmer höhere Temperatur als außen herrscht, oder wenn Winddruck die Luft durch Undichtigkeiten der Fenster, Türen usw. eintreibt. Die Luftströmungen, die entfernt vom Heizkörper eindringen, werden in kühler Jahreszeit lebhafte Zugerscheinungen hervorrufen. Der Abzugskanal wird zur Erzielung einer aufsteigenden Luftströmung vielfach noch besonders erwärmt durch Heizkörper oder Gasflammen; auch läßt man den Kanal entlang einer warmen Esse aufsteigen. Unzulässig ist es, wenn

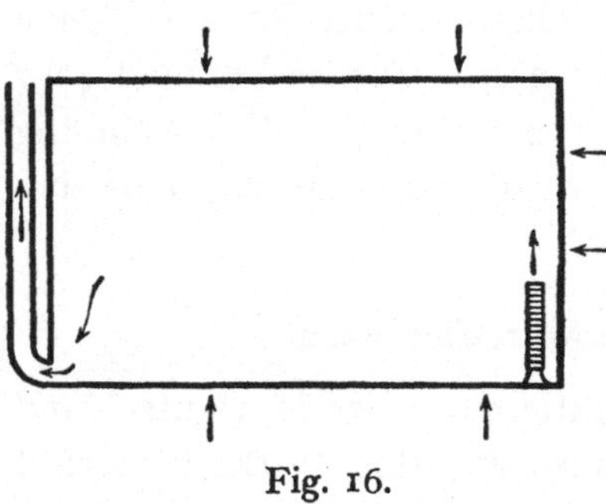

Fig. 16.

zwischen Abzugskanal und Esse nur Eisenplatten liegen, da mit der Zeit diese Trennungswand undicht wird, so daß Rauchgase in die Lüftungsanlage, unter Umständen also auch in das Lehrzimmer gelangen können. Die Anwärmung des Abzugskanales schützt aber keineswegs vor dem Nachteil des ganzen Systems: Zugerscheinungen, ungenügender oder fehlender Luftwechsel bei höherer Außentemperatur.

2. Anlagen mit künstlicher Luftzuführung, ohne künstliche Luftabführung.

Bei derartigen Anlagen bleibt die Entlüftung der natürlichen Ventilation überlassen. Aus diesem Grunde ist schnelle Wärmeregulierung und schnelle Beseitigung übler Gerüche nicht möglich. Wird aber Fensterentlüftung zur Unterstützung herangezogen, so werden die Mängel der Anlage nicht geringer.

3. Anlagen mit künstlicher Luftzu- und Luftabführung.

Die Luftzuführung kann durch mehr oder weniger lange Kanäle von einer gemeinsamen Luftkammer aus erfolgen oder für jedes Zimmer einzeln direkt von außen (Fig. 17). In dem ersten Falle liegen die Verhältnisse so, wie wir sie bereits an früherer Stelle beschrieben haben (Fig. 11, 12, 13). Je nachdem das Zimmer warm gehalten oder entwärmt werden

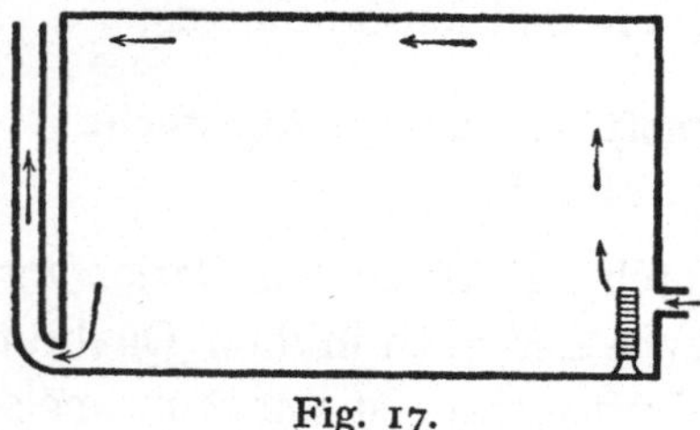

Fig. 17.

soll, ist die Öffnung des Abluftkanals tief oder hoch gelegen. Der Luftzuführungskanal mündet meist in Kopfhöhe. Solange die Luftströmungen in dem von der Anlage gewollten Sinne vor sich gehen, kann der Luftwechsel durch Regulierung der Zu- und der Abluft innerhalb der erforderlichen Grenzen gehalten werden. Nicht zu selten fehlen aber die zur Luftbewegung erforderlichen Temperaturdifferenzen. Ich verweise auf die Zusammenstellung von Steinhaus (l. c.), der z. B. im Dezember 9, im Januar 4 Tage mit höherer Außentemperatur (über 19° C) zählte. Außerhalb der Heizperiode waren es 42 resp. 54 Schultage. Auch durch Windeinfluß, über Dach an der Öffnung des Abluftkanales, im Zimmer an der Zuluftöffnung kann die Bewegung in dem Lüftungskanalsystem gehemmt werden.

Die direkte Frischluftzuführung erfolgt durch einen oder mehrere nach außen führende Kanäle in der Fensterwand. Zum Schutz gegen direkten Windeinfall ist der Kanal in Z-Form geführt, oder seine Außenöffnung durch Hauben usw. gedeckt. Im Zimmer mündet der Frischluftkanal am Heizkörper, damit kühl eindringende Luft erwärmt und nach oben geleitet wird. Die innere Schachtöffnung soll hoch genug liegen, um die Bildung kalter Luftschichten am Fußboden zu verhüten. Wenn der Heizkörper nur an der Innenwand aufgestellt werden kann, wie z. B. bei Ofenheizung, muß die Luft zur Anwärmung in einem Kanal von der Fensterwand zum Ofen geleitet werden. Derartige horizontale Kanäle verschmutzen sehr leicht. Mündet die angewärmte Frischluft an der Innenwand, so entsteht für die am Fenster sitzenden Kinder der Nachteil starken Wärmeverlustes durch Strahlung an die kalte Fensterwand. Unter Umständen kann der direkte Luftschacht auch ansaugend auf die Zimmerluft wirken, vorwiegend bei abfallendem Winde, so daß Wärmeverlust und Zugwirkung entstehen. Bei Öffnen der Türe können Luftströmungen zwischen Luftschachtmündung und Türe auftreten. Mit der Luft strömt natürlich auch das Straßengeräusch durch den direkten Frischluftkanal ein.

Zu all diesen Unzulänglichkeiten direkter Frischluftzuführung kommen auch noch die Schwächen, die jeder auf Temperaturdifferenz beruhenden Lüftungsanlage anhaften. Für Schulen ist sie also keineswegs zu empfehlen, mag die Anlage selbst auch billig sein.

Fassen wir unser Urteil über die verschiedenen Formen künstlicher Lüftungsanlagen nochmals zusammen, so müssen wir vom hygienischen Standpunkt aus der Überdrucklüftung mit Hilfe des Ventilators den Vorzug geben. Diese sichert den Luftwechsel noch unter Verhältnissen, wo die Lüftung durch Temperaturdifferenzen vollständig versagt, vor allem aber in der wärmeren Jahreszeit.

In der Praxis wird der Entscheid freilich noch von anderen Faktoren abhängen, zunächst davon, ob die Betriebskraft für den Ventilator hinreichend billig zu beschaffen ist. In Deutschland kommt bei der ausgedehnten Verbreitung elektrischer Kraftanlagen die Verwendung elektrischen Ventilatorantriebes am meisten in Betracht, Dampf- oder Wasserkraft viel weniger. Die Art der Lüftung richtet sich auch nach den zur Verfügung stehenden Anlagemitteln; allerdings wird letzten Endes immer nur die hygienisch wie technisch einwandfreie Anlage die wirklich wohlfeile sein. Vergleicht man die Betriebskosten von Ventilatorlüftung und Lüftung durch Wärmeauftrieb, muß man berücksichtigen, daß Ventilatorlüftung auch an den Tagen wirksam in Betrieb ist, wo die Lüftung durch Wärmeauftrieb wegen fehlenden oder ungenügenden Temperaturdifferenzen im Stiche läßt; dadurch ergeben sich für die Ventilatorlüftung natürlich auch höhere Betriebskosten. Nur bei Motorbetrieb läßt sich die Lüftung schnell regulieren und unabhängig von äußeren Einflüssen (Besonnung, Witterungswechsel usw.) gestalten. Ein wichtiger Vorzug der Ventilatorlüftung besteht endlich in der Möglichkeit, ohne größere Schwierigkeiten Überdruck im Schulzimmer zu sichern.

So vorteilhaft der Ventilatorbetrieb für die Schullüftung ist, der Lüftungserfolg kann trotzdem noch mangelhaft sein, wenn die Anlage nicht auch in den Einzelheiten zweckentsprechend ausgeführt ist und betrieben wird. Leider besteht nicht so selten in der Praxis ein grelles Mißverhältnis zwischen Absicht und Resultat der Lüftungsanlage. Bei Ventilator- wie bei Wärmeauftriebslüftung trifft man Vorzüge des Systems in das Gegenteil verwandelt, Schwächen zu schweren Übelständen gesteigert.

Luftentnahme.

Von den beiden Möglichkeiten zur Luftentnahme, für jedes Zimmer direkt oder zentral für alle Zimmer gemeinsam, verdient, wie. wir oben sahen, die zentrale Luftentnahme den Vorzug. Bei großer räumlicher Ausdehnung des Schulgebäudes sind eventuell mehrere zentrale Luftentnahmestellen erforderlich. Beruht die Luftbeförderung auf Temperaturdifferenzen, dann kann die Frischluft in den Kanälen im wesentlichen nur in der Richtung von unten nach oben bewegt werden; die Luftentnahmestelle muß dann möglichst tief liegen. Bei geringem Wärmeauftrieb kann die Luftbewegung in den Luftzuführungskanälen „umschlagen", sobald der Wind saugend auf die Luftschöpfstelle einwirkt. Daher muß bei fehlendem Ventilator die Möglichkeit vorhanden sein, immer dem Winde zugekehrt die Luft zu entnehmen; es sind also mindestens 2 entgegengesetzt liegende Luftschöpfstellen erforderlich. Ob freilich der Heizer sich auch der Mühe unterziehen wird, entsprechend die Lüftung zu regeln?!

Je näher die Luft dem Erdboden entnommen wird, um so unreiner wird sie sein. Der Commissioner of Labor im Staate New York, Hon. John Williams[1]), machte darüber im Jahre 1910 folgende Feststellungen:

30 cm über dem Bürgersteig einer breiten Straße, nahe dem Fluß, wurden kurz nach dem Kehren der Straße Luftproben entnommen (bei klarem sonnigen milden Wetter). Es fanden sich

feste Bestandteile (Staub)	30 g	auf	1 000 000 l Luft	
verbrennbare organische Teile. . .	11 g	„	1 000 000	„ „
Ammoniak	1 Teil	„	1 000 000	„ „
Kohlensäure	4	„ „	10 000	„ „

17 m über derselben Straße, auf einem Dache hatte die Luft

feste Bestandteile (Staub)	5	g auf	1 000 000 l Luft	
verbrennbare organische Teile . .	0,48 g	„	1 000 000	„ „
Ammoniak	—			
Kohlensäure	3 Teile	„	10 000	„ „

Anorganischer wie organischer Staub, den wir in der Ventilationsluft besonders vermeiden wollen, war in der Nähe des Erdbodens am reichlichsten.

Die Luftentnahmestelle sollte daher stets so hoch liegen, daß die aufgenommene Luft frei von Straßenschmutz usw. ist. Nachträgliche Luftreinigung kann den Vorzug einwandfreier Luftentnahme nicht ersetzen, zum mindesten ist sie sehr abhängig von

---

[1]) Hon. John Williams, Gesundheitsingenieur *36*, Nr. 10.

der Zuverlässigkeit der Reinigungseinrichtungen. Praktisch und auch hygienisch ist es wertvoller, reine Luft direkt zu schöpfen, als erst auf Umwegen zu diesem Ziele zu gelangen. Da die Ventilatorlüftung gestattet, die Frischluft beliebig hoch zu entnehmen, verdient sie den Vorzug vor der Lüftung durch Wärmeauftrieb, die mit der Luftentnahme an die Nähe des Fußbodens gebunden ist.

Bei Luftschöpfstellen in Erdbodennähe muß zum mindesten verlangt werden, daß ausgedehnte, gut gepflegte Grasflächen um die Luftentnahmestellen herumliegen, um den Staubgehalt der Luft zu verringern. Wie oft findet man statt dessen nur staubige Straßen oder Schulhof als Umgebung der Luftentnahmestelle. Sollte es nirgends mehr vorkommen, daß als „Frischluftschöpfstelle" eine Schachtöffnung zu ebener Erde dient, die durch ein Gitter abgedeckt ist, über das täglich Hunderte von Schülern hinweggehen?! — Was nützt dann die theoretisch beste Lüftungsanlage mit der Garantie für 3 bis 4maligen Luftwechsel! Falsch angebrachte Sparsamkeit spielt bei derartigen Anlagen manchmal eine große Rolle. — Aber auch von hochgelegenen Luftentnahmestellen kann unter Umständen sehr verunreinigte Luft angesogen werden, besonders dann, wenn Schornsteine oder Entlüftungsschächte in ihrer Nähe ausmünden. Außerdem besteht bei hochliegender Luftentnahmestelle die Gefahr, daß vorüberstreichender Wind ansaugend auf die Luftzuführungskanäle wirkt, wenn nicht entsprechend kräftiger Ventilator gegen diese Möglichkeit schützt.

Zur **Reinigung der Frischluft** von staubförmigen Beimengungen, dienen die sogenannten

Staubkammern.

In ihnen soll sich die Geschwindigkeit der eingedrungenen Luft derart verringern, daß der mitgeführte Staub zu Boden sinkt. Dazu muß der Raum hinreichend groß sein, und die Öffnungen des zuführenden und abführenden Kanales müssen so zueinander liegen, daß der eindringende Luftstrom nicht unmittelbar zur luftabführenden Öffnung streicht. Im letzteren Falle würde sich der Staub höchstens in dem aus der Luftkammer zum Zimmer führenden Kanal absetzen. Wichtig ist weiterhin die Behandlung des aus der Luft abgeschiedenen Staubes in der Luftkammer. Wenn dieser nicht gründlich und zweckentsprechend beseitigt wird, dann ist die sogenannte Staubkammer weiter nichts als eine Gelegenheit zur Luftverunreinigung! Der Raum muß so hell sein, daß man den Staub auch wirklich sehen kann. Wände, Decken und Fußboden sollen glatt sein, damit der Staub nicht haftet und leicht zu entfernen ist. Vertiefte Mauerfugen, rauher Putz sind also unzweckmäßig, ebenso Wände und Fußböden, die sich nicht feucht reinigen lassen. Die Staubkammer soll ferner gegen Grundwasser geschützt sein, ebenso gegen Gerüche aus dem Untergrund oder der Schleuse. Es darf zu ihr nur die Außenluft Zutritt haben, nicht aber die Kellerluft! Deshalb ist ein guter Abschluß gegen Nachbarräume, am besten durch Doppeltüren, dringend nötig. Zahlreich sind also die Forderungen, die man an eine Luftkammer stellen muß, wenn sie ihrer Aufgabe wirklich dienen soll. Der Laie wird allerdings leicht geneigt sein, eine mit Kacheln ausgelegte Luftkammer für übertriebenen Luxus zu halten. Man kann ihm dieses Urteil nicht verübeln, wenn er bisher nur finstere Kellerlöcher als „Staubkammern" kennen gelernt hat. Und solange vom Erbauer dieser Raum als nebensächlich behandelt wird, darf man es dem technisch ungebildeten Schulhausmann nicht verübeln, wenn er das gleiche tut. Helle, sauber hergerichtete Luftkammern als Ablagerungsraum für Fässer mit Stauböl, Tinte usw., zur Aufbewahrung alten Gerölls, Papiers zu benutzen, wird der Hausmann bei einigermaßen vorhandenem Reinlichkeitsgefühle sich doch genieren; im dunkeln Raume aber „sieht es ja niemand". Feuchte Reinigung ist in so mancher Staubkammer ein frommer Wunsch, läßt sich gar nicht einmal ausführen, sei es, daß dazu die bequeme Wasserentnahmestelle oder Gelegenheit zum Wasserabfluß fehlt, sei es, daß Wände und Fußböden feuchte Reinigung nicht vertragen würden. Und dann der Abschluß der Luftkammer gegen die Nachbarräume! Was nützen verschlossene Türen, wenn durch Glinsen und Spalten derselben der Wind ungehindert hindurchstreifen kann! Hat die Luft in der Luftkammer aufsteigende Richtung, dann saugt sie durch die Türspalten auch die Kellerluft mit an. Kommt dazu noch, daß der schlaue Heizer die Frischluftzuführung der Luftkammer geschlossen hat, weil oben in den Lehrzimmern über Zug geklagt wird, dann ist die Ventilation ja ganz auf die Ansaugung von Kellerluft angewiesen. Wenn sich die Schulleiter doch öfters über die Herkunft der Frischluft für die Schulräume genauer orientieren wollten, wie häufig würden sie dabei auf diesen aus verschiedenen Gründen bei den Heizern so beliebten

Trick stoßen. Bei künstlicher Lüftung einwandfrei festzustellen, ob die Klagen über Zug auf zu niedrige Temperatur oder zu große Geschwindigkeit der in das Zimmer einströmenden Luft zurückzuführen sind, ist manchem Hausmann schon schwierig, mehr aber noch, zweckentsprechende Abhilfe zu schaffen. Drum wendet er als einfachstes gleich das Radikalmittel an: Völlige Abstellung der Frischluftzufuhr. Sehr bald kommt er auch dahinter, daß dadurch eine bedeutende Arbeitserleichterung zu erreichen ist; zunächst kommt die Mühe mit dem Regulieren der Lüftung in Wegfall, dann aber braucht er sich auch weniger um die Vorwärmung der zuzuführenden Luft zu kümmern. So ist die Lüftung in mancherlei Beziehung von der Intelligenz und der Gewissenhaftigkeit dessen, der die Anlage bedient, abhängig.

Mechanische Reinigung der Luft.

Man unterscheidet trockne und feuchte mechanische Luftreinigung. Zu ersterer gehören die Luftfilter.

    a) Durchgangsfilter, die Luft wird gezwungen, durch mehr oder weniger feines Gewebe hindurchzutreten (Fig. 18).

    b) Streiffilter, die Luft streicht an aufgespannten rauhen Filtertüchern vorbei (Fig. 19).

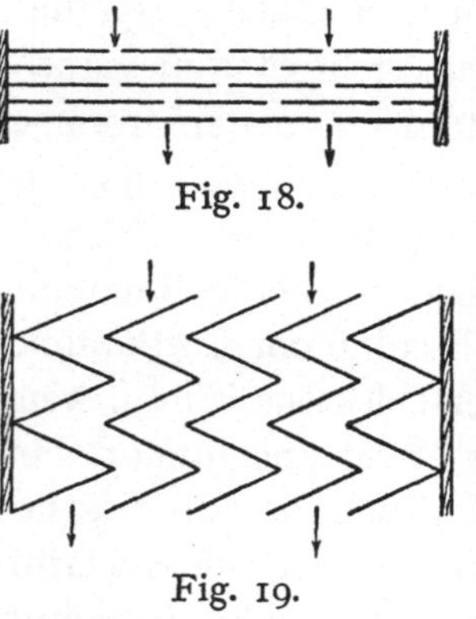

Fig. 18.

Fig. 19.

Beide Arten von Filtern verschmutzen sehr leicht und können dann den Luftdurchtritt sehr erschweren. Drucklüftung wird den gröberen Staub an den siebartigen Filtern förmlich zermahlen und als feinste Körnchen hindurchpressen. — Die Durchgangsfilter werden auch in Verbindung mit Wasserberieselung verwendet, doch müssen dann die Maschen des Gewebes verhältnismäßig weit sein; je gröber das Gewebe, um so leichter kann der feinere Staub ungehindert passieren. Feuchte Filter lassen sich bei kalter Witterung zur Reinigung ungeheizter Luft nicht verwenden, da sie vereisen würden; angewärmter Luft aber entziehen feuchte Filter viel Wärme. Ähnliche Nachteile sind vorhanden, wenn der feuchte Filter, statt festzustehen, über ein trommelartiges Gestell aufgespannt sich fortwährend dreht.

Eine andere Methode der Luftreinigung besteht darin, daß man die Luft durch feinen Sprühregen hindurchstreichen läßt; sie wird besonders in Amerika und in der Schweiz angewendet. Derartige Anlagen dienen gleichzeitig zur Luftbefeuchtung und Regelung der Temperatur; im Sommer werden sie vor allem zur Luftabkühlung benutzt, da durch die Wasserverdunstung große Wärmemengen gebunden werden können. Unter der Voraussetzung, daß die Regelung der Temperatur und Luftfeuchtigkeit dem Bedürfnis der einzelnen Räume angepaßt werden kann, gebührt solchen Einrichtungen zum Reinigen der Luft der Vorzug vor allen anderen. Ihnen am nächsten steht wohl die Luftreinigung durch geräumige, saubere Luftkammern. Von manchen Seiten wird die Reinigung der Luft durch Ozonisierung lebhaft empfohlen. Entsprechend meinen früheren Ausführungen über die Ozonwirkung halte ich sie aber für zwecklos und ungeeignet in Schulen.

Luftbefeuchtung. Lufterwärmung.

Die hohe Bedeutung der Luftfeuchtigkeit in Verbindung mit der Lufttemperatur für das Befinden der Schulzimmerinsassen verlangt es, daß deren Regelung durch die Lüftungsanlage mit in erster Linie versorgt wird. In Schulen habe ich aber bisher von einer rationellen, dem jeweiligen Bedürfnis entsprechenden Luftbefeuchtung noch nirgends etwas finden können! In keinem modernen und selten nur in älteren zentralen Lüftungsanlagen fehlte eine Vorrichtung zur Befeuchtung der angewärmten Luft. Bei Ofenheizung steht auf dem Ofen ein gefüllter — manchmal auch leerer — Wassertopf. Zentrale Anlagen haben auf dem Heizkörper zur Anfeuchtung der Frischluft Wasserpfannen, in denen das Wasser durch stärkeres oder geringeres Erwärmen mehr oder weniger zum Verdampfen gebracht wird. Aber das alles sichert doch noch keine rationelle Luftbefeuchtung nach dem jeweiligen Bedürfnis. Denn welcher Heizer oder Hausmann weiß wohl, wie stark er jeweilig die Luft befeuchten soll?! Es fällt dem Durchschnitt jener Leute gar nicht ein, auch nur ein einziges Mal die Verdampfung in der Wasserpfanne anders zu regulieren, als sie von Anfang an eingestellt war. Die Verhältnisse, wie sie jener erstmaligen Einstellung zugrunde lagen, also Feuchtigkeit und Temperatur der Außen- wie Zimmerluft, Zimmerbesetzung usw. sind in den Schulen aber doch fortwährendem Wechsel unterworfen, so daß sich auch das Bedürfnis

nach Anreicherung der Luft mit Wasserdampf immer aufs neue
ändert; oft genug ist sogar Entfernung von Wasserdampf aus der
Zimmerluft angebracht. Solange sich die Ventilationsanlage in
dieser Richtung nicht rechtzeitig und in erforderlichem Maße an-
paßt, genügt sie auch nicht der Kardinalforderung moderner
Lüftung: Rücksichtnahme auf den Wärmehaushalt der
Zimmerinsassen. Die Sicherung 4 bis 6maligen Luftwechsels
pro Stunde durch Wärmeauftrieb oder Ventilator genügt allein
noch nicht; für den Lüftungszweck ist sie in vielen Fällen nichts
als eine Selbsttäuschung. Denn es kann an und für sich gänzlich
gleichgültig sein, wie oft jener Luftwechsel vor sich geht, wenn nur
Luftfeuchtigkeit und Lufttemperatur auf dem erforderlichen Opti-
mum von ca. 45% und 19° C erhalten werden. An einer früheren
Stelle haben wir gezeigt, warum es im Schulzimmer eher zu übermäßigem Wasserdampfgehalt als zu Wasserdampfmangel kommt,
und daß vor allem zu hohe relative Luftfeuchtigkeit vermieden
werden soll. Luftbefeuchtung kann unter Umständen mehr schaden als nützen. Zum Glück ist der Effekt der üblichen Wasser-
verdampfungsschalen für den Feuchtigkeitsgehalt der Schulzimmerluft nur ein sehr geringer; Schlick[1]) hat dies eingehend nachgewiesen. Erwähnt seien auch noch die Untersuchungen von
Silberschmidt[2]); dieser kommt zum Ergebnis, daß ein deutlicher
Einfluß der künstlichen Befeuchtung auf den Wasserdampfgehalt
der Schulzimmerluft nicht nachweisbar ist, daß das verdunstete
Wasser nicht in der Luft bleibt, vielmehr sich rasch absetzt. Die
durch Ausatmung der Zimmerinsassen abgegebenen Wasserdampfmengen verteilen sich schneller und gleichmäßiger in der Raumluft.

Temperaturkontrolle.　Feuchtigkeitskontrolle.

Für zweckmäßige Temperaturregelung in den Lehrzimmern
sind Lüftung und Heizung aufeinander angewiesen. Wird die Frischluft in erwärmtem Zustand zugeführt, so soll sie im allgemeinen
nicht wärmer als normale Zimmertemperatur einströmen; im einzelnen aber wird sich die Temperatur der Frischluft nach dem
Wärmebedürfnis in dem betreffenden Zimmer zu richten haben,
muß also verschieden sein je nach Besetzung, Besonnung, Lage

---

[1]) Schlick, Zeitschr. f. Schulgesundheitspfl. 2. 1909.
[2]) Silberschmidt, Jahrbuch der Schweizer Gesellschaft f. Schulgesundheitspfl. 11. Jahrgang.

des Zimmers usw. Es sollte sich daher die Lüftung für jedes Zimmer getrennt regeln lassen, und zwar von einer zentralen Stelle aus, nicht vom Lehrer in dem betreffenden Zimmer. Denn nur so kann die künstliche Lüftung auf sichere Grundlage gestellt werden, im Gegensatz zur Fensterlüftung. Der Hausmann bezüglich Heizer hat für Einhaltung der erforderlichen Temperatur und Feuchtigkeit zu sorgen und soll sich selbst von den Luftverhältnissen in jedem einzelnen Zimmer überzeugen. Um bei dieser Kontrolle Störungen des Unterrichts zu vermeiden, sind sogenannte Schauthermometer zu empfehlen: Das Zimmerthermometer (mit durchsichtiger Skala) befindet sich vor einem Mauerschlitz, sodaß vom Flur aus die Temperatur abgelesen werden kann. In großen Schulgebäuden kann öfteres Ablesen dieser Thermometer sehr zeitraubend werden. Dort sind die Fernthermometer am Platze, d. h. Thermometer, die durch elektrische Leitung mit einer Zentrale derartig in Verbindung stehen, daß dort jede oder nur eine maximale und eine minimale Zimmertemperatur angezeigt wird. Thermometer und auch Feuchtigkeitsmesser (Psychrometer) gehören in jedes Lehrzimmer. Sie sollen dem Lehrer die Möglichkeit geben und ihn auch daran erinnern, Temperatur und Feuchtigkeit objektiv festzustellen. Ich halte es durchaus nicht für zwecklose Mühe, wenn im Laufe des Vor- und Nachmittagsunterrichts in jedem Lehrzimmer mehrere Male solche Beobachtungen gemacht und in eine Liste eingetragen werden müßten. Es könnten auch ältere Kinder zu diesen Beobachtungen mit herangezogen werden, damit sie so aus der Übung lernen, worauf bei der Raumluft zu achten ist. Auch unterrichtlich lassen sich diese Beobachtungen verwerten, für die Zwecke persönlicher Gesundheitspflege usw. Ein Geschlecht, das derart in der Schule tagtäglich auf Lüftung hingewiesen wird, wird später auch im eignen Heim mehr Verständnis für den Wert guter Lüftung haben. Der Schule aber geben die angeregten Messungen die notwendigen Unterlagen zur Beurteilung der Lüftungsanlage. Den Lehrer selbst würden sie davor schützen, „in der Hitze des Gefechtes" die Luftverhältnisse des Zimmers außer acht zu lassen.

Fernthermometer. Von den verschiedenen Systemen nenne ich das Signalthermometer nach Rietschel, Metallwiderstands-Fernthermometer nach Koepsel, Fernthermometer der Firma G. A. Schultze, Charlottenburg. Den Vorzug verdienen Apparate, die erstens betriebssicher sind und ferner auch schnell Temperaturschwankungen anzeigen. Die zentrale Temperaturkontrolle erlangt aber erst vollen Wert, wenn sie ergänzt wird durch Einrichtungen zur Lüftungsregelung für jedes einzelne Zimmer von einer Zentrale aus. Dazu gehört vor allem Regelung der Luftzufuhr und während der Heizperiode gleichzeitig der Wärmezufuhr. Befinden sich die Wärmequellen an einer Zentrale, so kann dort die Einstellung der Wärmezufuhr für die einzelnen Zimmer vorgenommen werden. Ist örtliche Heizung vorhanden, so muß sich die Regelung derselben ohne Störung des Unterrichtes erreichen lassen. Die örtliche Heizung etwa nur während der Pausen zu regulieren, genügt keinesfalls, da dann der Erfolg meist zu spät käme. Man hat vielerorts die Regulierungseinrichtung für die Zimmerheizung auf den Fluren angebracht. Es setzt aber schon ganz besondere Gewissenhaftigkeit beim Heizer bzw. Hausmann voraus, wenn diese Regelung oft genug und regelmäßig vorgenommen werden soll; deshalb sind die sogenannten

automatischen Temperaturregler

für Schulen von ganz besonderem Wert. Sie gestalten die Temperaturregelung unabhängig von Intelligenz und Gewissenhaftigkeit des Heizers. Mit Ausnahme der Ofenheizung sind sie für die verschiedensten Heizungsarten verwendbar. Der automatische Temperaturregler befindet sich im Zimmer und steht in Verbindung mit der Wärmequelle. Die vorhandenen Konstruktionen lassen sich in 2 Gruppen trennen:

1. die intermittierend wirkenden,
2. die kontinuierlich wirkenden.

Zu ersteren gehören die Apparate von Johnson, Käferle. Sie werden auf ein Temperaturmaximum und ein -Minimum eingestellt. Ist das Maximum erreicht, unterbricht der Apparat den Wärmezufluß (sei es das Zuleitungsrohr am Heizkörper oder die Zuluftklappe) solange, bis die Zimmertemperatur auf das eingestellte Minimum gesunken ist. In diesem Augenblicke wird durch Vermittlung des automatischen Reglers der Wärmezufluß wieder geöffnet. Johnson (Gesellschaft f. selbsttät. Temperaturregelung, Berlin) verwendet Druckluft; Käferle (Hannover) den elektrischen Strom zur Verbindung zwischen Abschlußventil und Temperaturmesser.

Anders verhalten sich die kontinuierlichen Temperaturregler von Fuess (Steglitz), Brabbée und von Schultze. Ein sogenannter Aufnahmekörper in Kopfhöhe an der Wand angebracht enthält eine Flüssigkeit, die durch eine Leitung mit dem entsprechend konstruierten Heizkörperventil in Verbindung steht. Mit steigender Raumtemperatur dehnt sich die Flüssigkeit im Aufnahmekörper allmählich aus und drückt auf das Heizkörperventil, so daß dieses sich mehr oder weniger schließt. Dadurch wird der Wärmezufluß abgebrochen, die Raumtemperatur sinkt, und die Flüssigkeit im Aufnahmekörper zieht sich wieder zusammen. In gleichem Maße kann sich dann das Heizkörperventil wieder öffnen. Bei dem automatischen Wärmeregler „Turul" der Firma Schramm (Erfurt) verdampft ein Tropfen Äther und gibt die Kraft zur Betätigung des Heizkörperventiles.

Mag nun die Kontrolle der Zimmertemperatur durch automatische Temperaturregler oder Fernthermometer erfolgen, oder mag der Hausmann resp. Heizer die Temperatur im Zimmer selbst ablesen, Voraussetzung für den Wert der Messung ist immer, daß die Lufttemperatur im Raum gleichmäßig ist, sonst kann Übererwärmung oder Untererwärmung einzelner Schülergruppen die Folge sein. Die Temperaturmessung soll in Kopfhöhe der Kinder erfolgen, und außerdem soll das Thermometer so aufgehängt sein, daß seine Angaben nicht durch örtliche Wärme- oder Kälteeinflüsse an der Aufhängungsstelle beeinflusst werden. Welchen Wert kann die Messung haben, wenn sich das Zimmerthermometer oberhalb eines Heizkörpers befindet oder wenn es einer kalten Wand direkt anliegt? Mag der Theoretiker über solche Selbstverständlichkeiten lächeln, noch nicht alle Praktiker scheinen in den Geist der Temperaturmessung so weit eingedrungen zu sein, daß derartige Montagefehler „selbstverständlich" vermieden würden. Wichtig ist, daß die automatischen Temperaturregler stets funktionieren, ganz gleich ob die Zimmerüberwärmung von der Heizung, Sonnenbestrahlung oder Wärmeproduktion der Kinder herrührt. Sie müssen auf verschiedene Temperaturgrade einstellbar sein, je nach dem Zwecke des Raumes; für die Turnhalle z. B. auf niedere Temperatur.

Ganz analog der Temperaturkontrolle kann auch die Überwachung der Luftfeuchtigkeit erfolgen: Psychrometer nach August, Assmann, Lambrecht. Ferner bestehen, besonders in Amerika, auch schon Vorrichtungen zur automatischen Feuchtigkeitsregelung, sei es im Zimmer, sei es von einer Zentrale aus mit

Hilfe der Fernleitung; so kann z. B. der Johnsonregler verwendet werden, wenn an Stelle des Thermostaten (Wärmeaufnahmekörpers) ein Humidostat tritt, d. h. ein feuchtigkeitsempfindlicher Aufnahmekörper.

Luftkanäle.

Die Beschaffenheit der Luftkanäle läßt vielfach sehr zu wünschen übrig. Während Luftentnahmestellen, Luftkammern sich auf ihre Sauberkeit leicht überwachen lassen, bleiben die Luftschächte dem kontrollierenden Auge verschlossen. Was nützt es, reine Luft zu schöpfen, wenn sie auf dem Wege zum Lehrzimmer mit Staub wieder reichlich beladen wird! Der Staub in dunklen Luftkanälen ist hygienisch aber ganz anders zu bewerten als der vom Sonnenlicht desinfizierte. Welche Mengen Kehrstaub kommen in unverschlossene Zuluftkanäle, besonders wenn diese dicht über dem Fußboden münden! Oder wie sieht so mancher Zuluftkanal an seiner tiefsten Stelle, im Keller, aus: feuchte, mit Schimmelpilzen bedeckte Wände! Und was soll es nützen, zwei- oder dreimal im Jahre mit einem Besen die Kanäle zu kehren, wird doch dadurch der Staub meist nur vorübergehend von den Wandungen beseitigt! Auf die verschiedenste Weise sucht die Technik die Sauberkeit der Kanäle zu sichern. Die Hauptkanäle haben in der Regel einen derartigen Durchmesser, daß sie zu bequemer Reinigung begangen werden können. Noch wichtiger aber ist, daß sie und alle anderen Kanäle vollkommen glatte Innenwandungen besitzen. Besser als die mit glatten unverputzten Ziegeln ausgekleideten Kanäle eignen sich innenglasierte Tonrohre oder nichtrostende Blechrohre. Für Reinlichkeit in Kanälen kann auch die Lüftung selbst sorgen, und zwar durch entsprechend schnelle Bewegung der Luft. Ecken und Winkel, durch die es zur Rückwirbelung kommen kann, dürfen in den Rohren nicht vorhanden sein; lange, horizontale Kanäle verlangsamen die Luftbewegung und begünstigen die Staubablagerung. Die Kanalöffnungen in den Lehrzimmern müssen gegen Einwerfen von Gegenständen entsprechend geschützt sein. Auf keinen Fall darf die Zuluftöffnung so liegen, daß beim Kehren des Zimmers Schmutz und Staub hineingelangen können. Ganz wesentlich ist ferner, daß die Mündungen für den Zu- wie Abluftkanal so angeordnet sind, daß der Lüftungsbetrieb die Zimmerinsassen nicht belästigt. Das klingt zwar selbstverständlich, wird vom Techniker aber vielfach nicht beachtet. Die Fälle sind leider gar nicht so selten, wo der Lehrer zu der einen Seite des Pultes die Zuluft-, zu der anderen Seite die Abluftöffnung hat. Die Klagen über rheumatische Beschwerden hören dort natürlich nicht auf; meist hilft sich der Lehrer dadurch, daß er zum mindesten den Abluftkanal verdeckt. Ein anderes Mal sind es die Kinder, die durch ungünstige Lage der Kanalmündungen belästigt werden. Weder Schüler noch Lehrer sollten zu nahe an den Öffnungen sitzen; auch müssen störende Luftströmungen zwischen Zu- und Abluftkanalmündungen vermieden werden.

Die Abluftkanäle dürfen nicht in dem schlechtgelüfteten Dachboden oder auf dem Flur ausmünden. Wird die Abluft nach dem Flur geleitet, kann sie nach entsprechender Abkühlung durch Undichtigkeiten der Tür wieder in das Zimmer aspiriert werden. Mündet die Abluft aber auf dem Boden, wird sie unter Umständen durch den Wind wieder zurück in die Kanäle gedrückt, beladen mit dem im Bodenraum aufgewirbelten Staub, um so mehr, als dem Hausmann im normalen Schulbetrieb meist die Zeit fehlt, einen größeren Bodenraum dauernd sauber zu halten. Zweckmäßiger ist es also, die Abluftkanäle über Dach münden zu lassen, geschützt durch die früher beschriebenen Deflektoren. Zu vermeiden sind aber lange horizontale, frei über den Bodenraum hinwegführende Kanäle oder mehrfache Biegungen resp. Abknickungen derselben. Beide Male kann die Geschwindigkeit in den Abluftkanälen durch Reibung derart herabgesetzt werden, daß die Luftbewegung, besonders bei Lüftung durch Wärmeauftrieb, sehr fraglich wird. Auch kühlt unter Umständen die Luft in solchen Kanälen derart ab, daß sie im Abführungskanal rückwärts nach den Zimmern sinkt, zum mindesten die Zimmerentlüftung hemmt.

Die für die Lüftungsanlagen nötigen Kanäle werden aus Gründen der Sparsamkeit meist derart geführt, daß mehrere übereinander liegende Zimmer einen gemeinsamen Kanal haben. Daraus ergibt sich aber eine Reihe von Nachteilen. Sehr störend empfindet der Lehrer die Schallübertragung durch solche Kanäle; auch hiergegen schützt er sich meist durch vollkommenes Verdecken der Kanalöffnungen durch Pappdeckel usw. — Beruht die Entlüftung auf dem Wärmeauftrieb, so wird bei gleichem Kanalquerschnitt die Saugwirkung verschieden groß sein, je nach der Länge des Luftabführungskanals vom Zimmer bis zur Mündung über Dach;

am kräftigsten ist die Wirkung also für die im Erdgeschoß liegenden Zimmer. — Noch wichtiger sind andere Zufälligkeiten, die sich ebenfalls aus gemeinsamem Abluftkanal ergeben können.

Nehmen wir an, der Wind wehe in der Richtung x—y (Fig. 20), so liegen Zimmer *a*, *b*, *c* auf der Windanfallseite, bekommen also beim Fensteröffnen Überdruck im Vergleich zum Luftdruck auf dem Flur. Wird nun im Zimmer *a* das Fenster geöffnet, können Luftströme in die Abluftöffnung *p* mit einer Geschwindigkeit eintreten, die stärker als die der im Abluftkanale aufsteigenden Luft

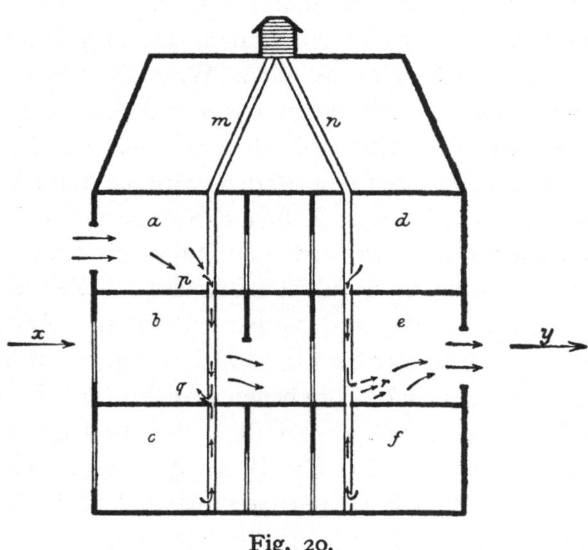

Fig. 20.

ist. Wird zur selben Zeit im Zimmer *b* die Tür geöffnet, so entsteht dort eine Bewegung der Zimmerluft durch die offne Tür nach dem Flur, wo entsprechend der Windrichtung ein relativer Unterdruck herrscht. Diese Luftströmung im Zimmer *b* kann ansaugend auf die Öffnung *q* des Abluftkanales wirken, wodurch unter Umständen die im Zimmer *a* in die Abluftöffnung *p* eingetretene Luftströmung veranlaßt wird, durch die Abluftöffnung *q* nach dem Zimmer *b* zu entweichen, sofern sich auf diesem Wege der bei *p* entstandene Überdruck am leichtesten ausgleichen kann. Es strömt dann also die Abluft des Zimmers *a* in das Zimmer *b*; auch von *c* kann sie auf gleiche Weise nach *b* gelangen.

Einen interessanten Beitrag zur Wirkung der Luftumkehr besonders in den Abluftkanälen liefert die Beobachtung, die

Goodchild[1]) aus einem Kindergenesungsheim mitteilt: es traten bei den Kindern Epidemien von Mandelentzündung usw. auf, als deren Ursache bakteriologisch die Luftverunreinigung durch Umkehr der Luftbewegung in den Abluftkanälen nachgewiesen wurde.

Nicht geringere Störungen als in den Entlüftungskanälen sind im Luftzuführungskanalsystem infolge Fensteröffnen möglich, besonders bei einseitiger Luftentnahme. Durch die Fenster eintretende Luftströme können den Austritt der Zuluft vollständig aufhalten, ja sogar Zimmerluft in den Zuluftkanal hineinpressen. Bei Lüftung durch Temperaturdifferenzen hat die Luft in Mündungsnähe des Zuführungskanales kaum mehr als 2 m/sek. Geschwindigkeit, im Abführungskanale keinesfalls mehr. Die vom geöffneten Fenster einströmende Luft trifft aber recht oft mit mehr als 2 m/sek. Geschwindigkeit auf die Kanalmündungen, da Luftbewegung von derartiger Stärke das Fensteröffnen kaum hindert. (Nach der sechsstufigen Windskala hat Windstärke 1 bis 4 m/sek. Geschwindigkeit = schwacher Wind.) — Abhilfe gegen solche Störungen ließe sich nur erreichen, wenn es gelänge, der Luft in den Kanälen eine derartige Geschwindigkeit zu verleihen, daß Luftströmungen, wie sie beim Öffnen von Türen und Fenstern entstehen, nicht mehr hemmend wirken. Ein anderer Weg wäre der, daß man Öffnen der Fenster während des Lüftungsbetriebes vollkommen unmöglich machte. Letztere Maßnahme ist für Schulen aber unter keinen Umständen gut zu heißen, da sich aus verschiedensten Gründen ein Bedürfnis nach Fensteröffnen einstellen kann, wie bereits anderorts ausgeführt wurde. Eine dritte Möglichkeit besteht darin, daß während des Fensteröffnens die Luftschachtmündungen im Zimmer selbst geschlossen werden. Dies setzt voraus, daß in jedem Lehrzimmer für den Lehrer zugängliche Abschlußvorrichtungen vorhanden sind und — auch benutzt werden. Aus Erfahrung weiß ich, daß letzteres meist nicht geschieht, außerdem für den Lehrer zugängliche Abschlußklappen häufig fehlen. Die beste Lösung bleibt der erstgenannte Weg: Erhöhung der Luftgeschwindigkeit in den Kanälen. Die Windstärke, mit der beim Fensteröffnen noch zu rechnen ist, wird im allgemeinen nicht über 5 m/sek. betragen. Stärkerer Wind verbietet von selbst das Fensteröffnen. Bei 6 m/sek. Geschwindigkeit im Zuluftkanal und

---

[1]) Goodchild, Referat nach Heating and Ventilating Magazine 1123. New York Vol. X.

5 m/sek. im Abluftkanal wird sich also unter normalen Verhältnissen auch trotz Fensteröffnen die normale Luftbewegung in der Lüftungsanlage aufrecht erhalten lassen. Solche Luftgeschwindigkeiten in den Kanälen lassen sich aber, wie wir oben sahen, durch Temperaturdifferenzen allein nicht erzielen, sondern nur durch Unterstützung von Ventilatoren. Und selbst dann wären schon sehr weite Abluftkanäle notwendig, stände nur für die Luftzuführung Ventilatorbetrieb zur Verfügung. Es ist daher zu empfehlen, auch die Luftabführung durch Ventilator zu unterstützen.

Von Lüftungsanlagen nach zuletzt geschilderten Grundsätzen sind mir persönlich nur die von Schippel, Chemnitz, ausgeführten bekannt; sie sind bisher allerdings nur in Geschäftshäusern, Fabriken, Restaurants usw. zur Verwendung gekommen. Die „Hygiene"[1]) schreibt über Schippels Lüftung:

„Die Luftzuführungseinrichtung — die Frischluftzentrale (1), Fig. 21 — findet ihre Aufstellung oben im Gebäude in einem möglichst hellen Raume. Sie besteht aus einem durch Elektromotor (2) angetriebenen Ventilator mit davorliegendem Mischventil. Je nach Stellung des Ventils saugt der Ventilator neue Luft aus dem von oben kommenden, mit Kühlvorrichtung (3) versehenen Kanal oder aus dem von unten kommenden mit Heizeinrichtung (4) versehenen Kanal. Die in der Temperatur möglichst auf $15°$ C geregelte Luft durchfließt den Befeuchtungsraum (5), in welchem ihr Feuchtigkeit zugesetzt oder entzogen werden kann. Ein kleiner Luftaustritt hinter dem Befeuchter auf einem Polymeter (9) läßt jederzeit die Beschaffenheit der weiter getriebenen Luft erkennen. In sauberen Metallröhren fließt dann die Luft in die verschiedenen Räume. Durch die Abwärtsströmung der Luft bei großer Geschwindigkeit ist Schmutzansatz in den Röhren unmöglich; durch einen Handgriff wird abends die gesamte Anlage geschlossen und so das Gebäude gegen Wärmeverlust geschützt......." „Die verbrauchte und staubige Schulluft wird durch eine Vakuumanlage abgezogen, bei der die Standrohre eine große Weite haben, in jedem Zimmer ist ein Lufteintrittskopf von derselben Weite wie das Standrohr. Durch drei verschiedene Einstellungen dieser Köpfe ist zu erreichen, daß die Wirkung der Anlage gleichmäßig auf alle Zimmer zur Ventilation verteilt wird, oder daß während der Zim-

---

[1]) Hygiene. Berlin, August 1912.

merreinigung der ganze Effekt (ca. 250 cbm Luftabsaugen in einer
Viertelstunde) auf ein Zimmer ausgeübt wird. Die Lüftung ist
selbst im Sommer vom Öffnen der Fenster unabhängig, so daß diese
bei Lärm und Staub auf der Straße geschlossen bleiben können.
Die Wirkung der Luftzuführungs- wie Luftabführungsanlage kann
durch Öffnen der Fenster nie gestört werden." (Fig. 21.)

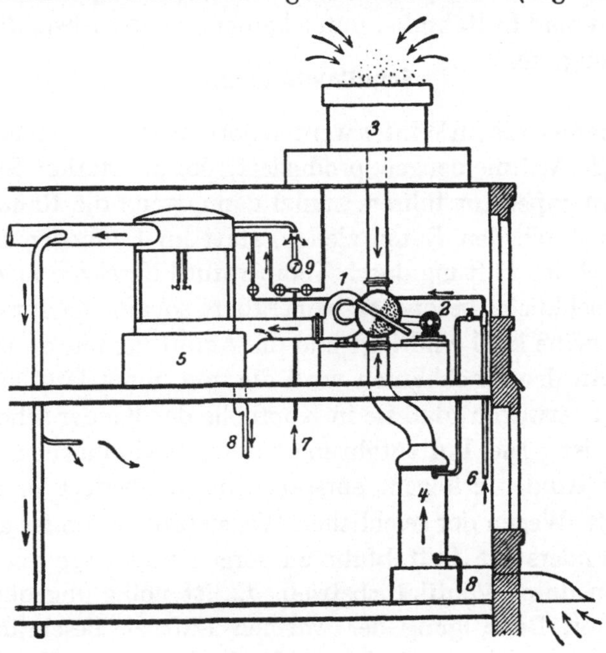

Fig. 21.

Nr. 1 = Luftbeweg- u. Mischmaschine   Nr. 6 = Dampfleitung
„ 2 = Elektromotor   „ 7 = Wasserleitung
„ 3 = Kühler   „ 8 = Kondensation
„ 4 = Heizung   „ 9 = Polymeter
„ 5 = Waschung u. Befeuchtung

Schippel meint, daß durch Anlagen nach seinem System, z. B.
beim Bau einer 20 klassigen Volksschule 10 000 Mk. Ersparnis erzielt werden können gegenüber der Lüftungseinrichtung mit Hilfe
von Temperaturdifferenzen. Die Entscheidung über solche Berechnungen muß dem Techniker überlassen werden. Für uns ist
die Feststellung wesentlich, daß für Schulen derartige Ventilatorlüftung der durch Wärmeauftrieb ganz bedeutend überlegen ist,
da sie auch im Sommer die Luftzufuhr und Luftabfuhr sichert,
unter besonderer Berücksichtigung von Temperatur und Reinheit

der Luft. Schippel verwendet zur Luftkühlung feine Sprühregen, deren Temperatur ganz nach Bedarf geregelt werden kann. Schon an anderer Stelle wies ich darauf hin, daß auch anderorts, z. B. in der Schweiz, derartige Sprühregen zur Luftkühlung und Luftreinigung verwendet werden.

Für ganz unentbehrlich halte ich Lüftungsanlagen mit Regelung der Luftzu- und Luftabfuhr, unter besonderer Berücksichtigung der Luftkühlung, für

Schulkochküchen.

Im Sommer wie im Winter werden dort von den Kochherden ganz bedeutende Wärmemengen produziert, die zu starker Steigerung der Raumtemperatur führen, zumal dann, wenn die Rauchabzugsrohre frei durch den Raum ziehen, statt im Fußboden zu liegen. Die Mängel der Lüftung durch Temperaturdifferenzen machen sich in der Kochküche besonders bemerkbar, sobald die Frischluft in Fußbodennähe kühl eindringt und die Ablüftung nur an der Decke erfolgt. An den Kochherden wird die von unten kühl zugeführte Luft derart erwärmt, daß sie in Kopfhöhe der Kinder schon wieder überhitzt ist. Die Luftzuführung muß in Schulküchen in Kopfhöhe der Kinder erfolgen, entsprechend temperiert je nach der Jahreszeit. Wegen der reichlichen Wärmeproduktion ist außerdem noch besonders für Luftabfuhr zu sorgen und zwar auch wieder am besten durch Ventilatorbetrieb. Es ist völlig ungenügend, die Lüftung auf Beseitigung der warmen Luft zu beschränken, die Luftzufuhr aber der natürlichen Ventilation zu überlassen; denn Klagen über kalte Füße und warmen Kopf können da nicht ausbleiben. Einfache Fensterlüftung als Dauerlüftung ist in Kochküchen unzweckmäßig, da die am warmen Herd stehenden Kinder schon geringe Zugerscheinungen besonders unangenehm empfinden müssen. Es scheidet daher natürlich auch Zuglüftung für Schulküchen aus. Überdrucklüftung allein ohne Regelung der Luftabfuhr entwärmt nur ungenügend und treibt unter Umständen auch die Küchengerüche in das Schulgebäude.

Wie notwendig gerade in Kochküchen wirksame Lüftung ist, mögen nachstehende Tabellen zeigen. Die Messungen wurden in einer 1906 erbauten Schulkochküche vorgenommen, die Luftabführung oben und Kippfenster besitzt. Beide Arten der Lüftung waren während der Messungen in Anwendung, zeitweilig auch Zuglüftung.

Datum	Zahl der geheizten Öfen	9	10	11	3	4	5	Datum	8	9	10	3	4	5 Uhr		Temperatur °C
2. 6. 13.	8	30	30	29	—	—	—	13. 9. 13.	31	28	27	23	22	22	Innen-	Temperatur °C
		26	—	26	—	—	—		13	15	16	18	18	17	Außen-	
3. 6. 13.	10	30	32	29	31	31	32	15. 9. 13.	27	27	28,5	—	—	—	Innen-	Temperatur °C
		21	—	24	26,5	—	26		16	18	19,5	—·	—	—	Außen-	
4. 6. 13.	8	28,5	30	28,5	—	—	—	16. 9. 13.	33	30	31	29	38	30	Innen-	Temperatur °C
		23	—	25	—	—	—		12	13	16	23	23	21	Außen-	
5. 6. 13.	7	30	30	30	26	31	33	17. 9. 13.	27	26	26	—	—	—	Innen-	Temperatur °C
		26	—	25,5	26	—	27		15	17	19	—	—	—	Außen-	
6. 6. 13.	4/8	26	28,5	28	—	—	—	18. 9. 13.	28	33	32	33	34	33	Innen-	Temperatur °C
		24	—	24	—	—	—		12	15	18	15	15	15	Außen-	
7. 6. 13.	10	25	32	25	23	24	23	19. 9. 13.	25	27	28	—	—	—	Innen-	Temperatur °C
		21	—	20	22	—	22		13	13	14	—	—	—	Außen-	
9. 6. 13.	8	27	26	25	—	—	—	20. 9. 13.	26	29	26	20	20	20	Innen-	Temperatur °C
		18	—	16	—	—	—		14	12	12	15	15	13	Außen-	
10. 6. 13.	10	29	31	25	32	32	28	22. 9. 13.	18	24	28	—	—	—	Innen-	Temperatur °C
		21	—	21	24,5	—	24		10	10,5	11	—	—	—	Außen-	
11. 6. 13.	8	25	26	25	—	—	—	23. 9. 13.	23	24	24	29	32	30	Innen-	Temperatur °C
		13	—	15	—	—	—		9	10	10	14	14	13	Außen-	
12. 6. 13.	7	25	26	25	29	30	33	24. 9. 13.	25	23	24	—	—	—	Innen-	Temperatur °C
		12	—	14	14	—	14		7	8	10	—	—	—	Außen-	
13. 6. 13.	8	23	23	21	—	—	—	25. 9. 13,	25	25	24	33	32	30	Innen-	Temperatur °C
		15	—	16	—	—	—		11	13	13	9	9	9	Außen-	
14. 6. 13.	10	21	28	24	20	21	20	26. 9. 13.	24	24,5	23	—	—	—	Außen-	Temperatur °C
		13	—	14	15	—	15		7	9	10	—	—	—	Innen-	

Diese hohen Temperaturen in der Schulküche gewinnen besondere Bedeutung, wenn man berücksichtigt, daß in jenen Räumen auch die Luftfeuchtigkeit beträchtliche Höhe erreicht. Ähnlich wie in den Kochküchen liegen die Verhältnisse in den Schulbädern. Besteht dort Raumüberhitzung bei gleichzeitig hoher relativer Luftfeuchtigkeit, kann sehr leicht statt Abhärtung der Kinder das Gegenteil erreicht werden!

Derartige Neueinrichtungen in Schulen bringen auch für die Schullüftung neue Aufgaben. Und je mehr sich die Schulventilation den Lüftungsbedürfnissen, wie sie sich aus den modernen Anschauungen über Abhängigkeit der Kinder von der Raumluft ergeben, anzupassen bestrebt, um so engeres Zusammenarbeiten von Lehrern, Technikern und Ärzten ist nötig. Wenn die Lüftungsanlage in so manchen Schulen den Anforderungen der Praxis nicht entspricht, dann liegt die Schuld gar nicht selten bei denen, die dem Techniker eine klare Umschreibung der zu lösenden Aufgaben geben sollten. Gerade wir Ärzte versagen darin nicht selten, nicht zum letzten wohl deswegen, weil so oft tiefere Einblicke in das Wesen der Lüftung fehlen; bei den Pädagogen steht es nicht viel anders. Hier bieten sich für die Schulärzte dankbare Aufgaben. Der Techniker soll ebenfalls regelmäßig wiederkehrend das Lehrerkollegium jeder einzelnen Schule über das Wesen der bestehenden Lüftungseinrichtung aufklären. Aus dem persönlichen Meinungsaustausch mit dem Lehrerkollegium würde der Techniker sehr häufig auch erfahren, wie unzweckmäßig die betreffende Lüftungsanlage gerade für Schulen ist, so z. B. wenn Verschlußvorrichtungen für die Kanalmündungen in den Lehrzimmern fehlen oder zu ihrer Bedienung erst der Hausmann resp. Heizer geholt werden muß.

Ein besonderes Kapitel der Schulhauslüftung ist die

Abortlüftung.

Hier steht im Vordergrunde das Bestreben, das Eindringen von Abortgerüchen in das Schulgebäude zu verhüten; letztere geben leider in so manchem Schulhause der Schulluft ein charakteristisches Parfüm. Verlegung der Aborte außerhalb des Schulgebäudes wäre an und für sich die beste Maßnahme zur Geruchsverhütung. Nur bringt größere räumliche Trennung, besonders in mehrgeschossigen Schulhäusern, mancherlei Nachteile mit sich. Die Verlängerung des

Wegs zum Abort hat Zeitversäumnis und für so manchen der jüngeren Schüler auch noch gewisse unangenehme Situationen zur Folge. Außerdem sind die Kinder leicht der Erkältungsgefahr ausgesetzt, besonders dann, wenn kein überdeckter Gang Abort und Schulgebäude verbindet. Ist letzterer vorhanden, dann dringen oft auch wieder die Abortgerüche in das Schulgebäude. Denn bei mangelhaftem Abschluß beider Gebäude wirkt der Verbindungsgang unter dem Einfluß von Wind oder Temperaturunterschieden wie ein Ansaugekanal für die Abortluft. Räumliche Trennung der Abortanlage vom Schulgebäude hat also große Nachteile. Um so wichtiger ist es, in den Aborten selbst den Geruch zu beseitigen; je vollkommener letzteres gelingt, um so weniger Grund liegt vor, die Abortanlage aus dem Schulgebäude heraus zu verlegen.

Zur Vermeidung unangenehmer Gerüche in Aborten selbst ist Sauberkeit Haupterfordernis. Bedeutungsvoll ist ferner die Lage innerhalb des Schulgebäudes oder zum Schulgebäude. Liegen die Aborte der herrschenden Windrichtung zugekehrt, dann wird der Wind den Abortgeruch in die Schulräume hineintreiben. Es sollen daher die Aborte von der vorherrschenden Windrichtung abgekehrt liegen, auch sollen ihre Umschließungsmauern dem Winde möglichst wenig Angriffsflächen bieten. Die Abortlüftung selbst hat, wie schon früher hervorgehoben wurde, vor allem in Entlüftung zu bestehen, besondere Luftzuführung ist unnötig. Zur Luftentfernung lassen sich die verschiedensten Wege einschlagen. Am einfachsten ist es, durch Bewegung der Außenluft die Abortluft abzusaugen, indem das direkt ins Freie geführte Entlüftungsrohr mit einem Deflektor versehen wird (Fig. 22). Bedingung ist, daß das Rohr hoch genug über dem Dache endet und genügende Weite besitzt. Genügt diese Art der Entlüftung nicht, dann muß Ventilator oder Wärmeauftrieb zur Unterstützung herangezogen werden. — Die

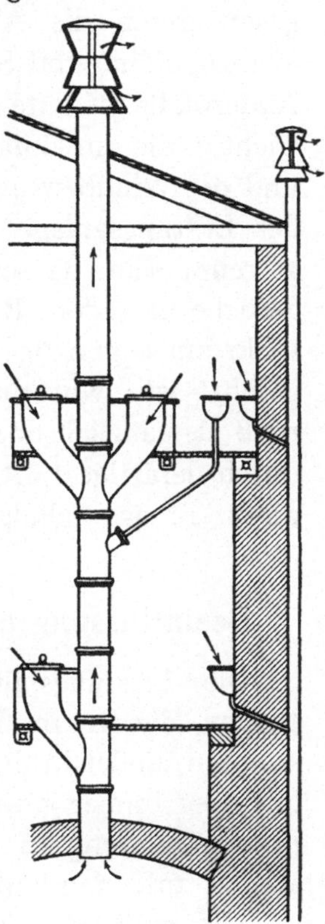

Fig. 22.

Luft in den Aborträumen soll wärmer als in den anliegenden Fluren sein, damit eine Luftströmung vom Flur zum Abort, nicht aber umgekehrt, entsteht. Zweckmäßig ist es, die Aborte vom Flur durch einen Vorraum zu trennen, der besonders entlüftet wird. Voraussetzung für Anwendung der Unterdrucklüftung im Abort ist natürlich, daß die ganze Abortanlage eine Aufsteigen von Grubengasen durch die Abortschlote in die Aborträume ausschließt. Wasserspülung mit Siphonverschluß gibt hierfür die beste Gewähr. Andernfalls ist gute Ventilation der Abortgruben besonders wichtig, die am einfachsten wieder mit Hilfe des Wärmeauftriebes und der Windbewegung erzielt wird. — Die Abortlüftung muß von der Lüftungsanlage für die sonstigen Räume des Schulgebäudes getrennt sein, da sonst bei Umschlagen der Lüftung die Abortgerüche in andere Räume gelangen können. Die Abortentlüftung wirkt um so günstiger, je kürzer und gerader der Kanal nach außen geführt ist. Nur durch Fensteröffnen Aborte lüften zu wollen, muß als gänzlich unzweckmäßig bezeichnet werden; denn es kann durch derartige Lüftung der Abortgeruch bei auffallendem Winde direkt in das Schulgebäude hineingetrieben werden.

Beeinflussung der Schulluft durch sonstige Faktoren.

Die Leistungsfähigkeit der verschiedenen Lüftungseinrichtungen, die wir im Laufe unserer Untersuchungen kennen lernen konnten, findet in ihrem Einfluß auf die Beschaffenheit der Schulluft aber immer gewisse Grenzen. Ich verweise vor allem auf die Staubanhäufung in der Schulzimmerluft, die unter Umständen stärker auftreten kann, als durch die Lüftung zu verhüten möglich ist. Es muß die Lüftungsanlage also durch sonstige Schulhauseinrichtungen unterstützt werden, um möglichst günstige Luftverhältnisse für die Schulinsassen zu erzielen.

Wie schon gelegentlich der Fensterlüftung erwähnt wurde, soll das Schulgebäude entfernt von starkem Straßenverkehr liegen. Auch Industrieanlagen sollen sich nicht in seiner Nähe befinden, nicht nur des Lärmes wegen, sondern auch wegen der Luftverunreinigung durch die Abluft der Fabriken. Während im Freien der Staubgehalt der Luft selten 0,5 mg pro 1 cbm übersteigt, enthält die aus Staubabscheidern entweichende Fabrikluft oft 1000 mg Staub in 1 cbm. Die großen Ausblasventilatoren von Fabriken befördern stündlich 10 bis 20 000, ja 50 000 cbm Luft; welche Mengen Staub zu gleicher Zeit in die Luft gebracht werden, läßt sich daraus leicht berechnen.

Sehr wesentlich für den Staubgehalt der Schulluft ist auch die Oberflächenbeschaffenheit der benachbarten Straßen. Besonders stark ist die Staubplage in Schulen, deren anliegende Straßen noch nicht genügend ausgebaut sind. Gute Asphaltdecke der Straßen vermindert den Staubgehalt der Luft. Ursprünglich beschotterte Straßen mit einem Überzug von Teer usw. zu versehen, nützt nur für kurze Zeit; sobald schweres Geschirr die Asphaltdecke zerrieben hat, ist die Staubplage oft stärker als vorher. Ähnliches gilt von den sonstigen Staubbindemitteln für Straßen: Rohpetroleum; Kiton (Mischung von gleichen Teilen Teer und Ton); wasserlösliche Öle, entsprechend dem Westrumit; die Ablaugen von Sulfitzellulose; die Vollbehrsche Emulsion von Öl mit Gummi, Dextrin, Milch, Glyzerin, Salz; die Eppelsheimer Produkte (Kartoffelmehl mit Laugen oder Salz behandelt); neuerdings die wäßrigen Lösungen hygroskopischer Salze (Abfälle der Kaliindustrie mit ihrem Gehalt an Magnesiumchlorid). Die meisten derartigen Staubbindemittel sind übrigens sehr nachteilig für den Pflanzenwuchs.

Wie die Straße, so soll auch der Schulhof staubfrei sein. Staubbindemittel können dort mit größerem Nutzen verwendet werden, da der Boden weniger als auf der Straße abgenutzt wird. Aber auch schon ohne Staubbindemittel läßt sich saubere Oberfläche auf dem Schulhof erzielen, wenn Lehm und harter Sand auf gut geebneter und drainierter Unterlage gut verarbeitet und fest gewalzt werden. Bloßes Aufschütten von Kies oder Sand gibt nie einen staubfreien Boden. Die Gangbahnen vor den Hauseingängen sind zu pflastern oder mit Platten zu belegen.

Wir wenden uns nun zu den **Einflüssen der Schulräume auf die Luftbeschaffenheit.**

Aus den früheren Untersuchungen ersahen wir, daß die Luftbeschaffenheit im Lehrzimmer sehr abhängig ist von der Raumbesetzung: Je größer der dem einzelnen Kinde zur Verfügung stehende Luftraum ist, um so günstiger sind die Einwirkungen auf Temperatur und Staubgehalt der Zimmerluft. Das Bestreben, die Schulluft durch Vergrößerung von Grundfläche und Luftkubus des Zimmers zu verbessern, hat aber ökonomische wie hygienische

Grenzen. Zu große Zimmertiefe beeinträchtigt die Belichtung, übermäßige Zimmerlänge aber bringt den Nachteil, daß die entfernt sitzenden Schüler den Lehrer schwer verstehen und die Wandtafel ungenügend erkennen. Bei zu großer Zimmergrundfläche liegt außerdem die Gefahr nahe, daß später noch Bänke für mehr Schüler aufgestellt werden, als ursprünglich angenommen war, wobei natürlich auch der Luftkubus wieder herabgesetzt werden würde. Es ist deshalb zweckmäßiger, den Luftraum durch Vermehrung der Zimmerhöhe zu vergrößern. Nur nimmt mit der Höhe des Zimmers auch die des ganzen Gebäudes zu, und gleichzeitig damit steigen besonders auch die Baukosten.

Je höher das Gebäude ist, um so länger wird auch der Weg, den die Kinder von Lehrzimmern der Obergeschosse zum Gebäudeausgang zurückzulegen haben. Es ist aber wesentlich, gerade diesen Weg abzukürzen. Besonders die Verunreinigung der Luft durch Staub wird beim Verkehr größerer Kindermassen auf Fluren und Treppen sehr stark werden.

In einer 1906 errichteten Schule (Erd- und drei Obergeschosse, durchschnittlich 4,10 m Zimmerhöhe, Steintreppen, ungeölter Terrazzofußboden auf den Fluren, geölte Dielen in den Lehrzimmern) fand ich bei vergleichenden Untersuchungen über den Keimgehalt der Raumluft im besetzten Lehrzimmer (z. T. bei Zimmerturnen usw.) 120 Keimkolonien pro Untersuchungsschälchen, auf besetztem Flur 316 Kolonien (Flure und Treppen wurden täglich gekehrt, Zimmer nur zweimal wöchentlich). Die Kinder hatten vom obersten Geschoß bis zur Hoftür einen Weg von 5 Minuten; bei 15 Minuten Pause brachten sie also nur 5 Minuten auf dem Hof, 10 Minuten aber in staubigen Fluren und Treppenhaus zu. Graupner, Dresden, berichtet von modernen Schulen, in denen die Kinder 6 bis 7 Minuten brauchen, um vom Hofe auf den Arbeitsplatz zu gelangen, hin und zurück also 12 bis 14 Minuten; die sogenannte „große Pause" wird dann fast ganz in staubiger Luft zugebracht!

Wenn ich auch keineswegs behaupten will, daß der Aufenthalt in staubiger Luft für die Kinder immer Gesundheitsstörungen nach sich ziehen muß (in dem Keimgehalt sehe ich zunächst nur einen Maßstab zur Beurteilung des Grades der Schulluftverunreinigung), so ist doch ganz sicher, daß eine derartige Pausenverwendung absolut nicht eine „Kräftigung der Lungen" bei den Kindern herbeiführt, wie sie Selter[1]) sich davon verspricht, wenn die Kinder während der Pausen auf den Schulhof geschickt werden. Von einer wirklichen Ausdehnung und Durchlüftung der Lungen, wie Selter erhofft, kann doch nicht die Rede sein, wenn die Kinder 5 bis 7 Minuten auf dem Wege zum Hof, ebensolange auf dem Rückweg und 3 bis 5 Minuten auf dem Hofe selbst verweilen! Überdies wird auf dem Hofe selbst nur in Ausnahmefällen auf besondere „Lungendurchlüftung" geachtet; meist atmen die Kinder während des Herumgehens auf dem Hofe, das bei großen Schülermassen doch nur in langsamem Tempo vor sich gehen kann, genau so oberflächlich und liederlich, wie sie es sich durch die Sitzhaltung angewöhnt haben. „Durchlüften" der Lunge setzt voraus, daß die Kinder kräftige Atembewegungen vornehmen, und daß außerdem die erforderliche frische Luft vorhanden ist. Während der ganzen Pause ist zum mindesten auf dem Wege zum Schulhofe und zurück (also 10 bis 14 Minuten lang!) von einem Durchlüften der Lunge in frischer Luft überhaupt nicht zu reden. Was dann in den noch übrigen 5 Minuten auf dem Hofe erreicht wird, kann keinesfalls mit der Wirkung verglichen werden, die sich erzielen läßt, wenn die Kinder bei offenem Fenster Leibesübungen, besonders Atemübungen vornehmen müssen. Nur auf letzterem Wege läßt sich rationelle Gegenwirkung gegen die Nachteile des Sitzzwanges und rationelle Lungendurchlüftung erzielen, wenn man absehen will von der Vornahme des aus verschiedenen Gründen meist schon wieder verlassenen gemeinsamen Pausenturnens auf dem Hofe. Ich wiederhole aber, daß diese Ausführungen in erster Linie für große Schulkörper gelten, und zwar auch nur für solche mit gleichen oder ähnlichen Verhältnissen auf den Fluren usw., und weise darauf hin, daß bei kurzem Weg nach dem Schulhof das Herausgehen ins Freie natürlich vorzuziehen ist, wie ich auch bereits in meiner Arbeit „Welchen Einfluß haben Schulstaub und Schulgebäude auf die Beschaffenheit der Schulluft"[2]) hervorgehoben habe. Nicht so sehr, weil die Kinder auf Treppen und Flur während des Herab- und Heraufgehens Staub in größeren Mengen einatmen, halte ich in großen Schulkörpern das Herablaufen auf den Hof für zwecklos, sondern vor allem, weil unter den dort vorliegenden Verhältnissen

---

[1]) Selter, Handbuch d. deutsch. Schulhyg. 1914.
[2]) Zeitschr. f. Schulgesundheitspfl. 1913, S. 82.

das Herunterlaufen auf den Hof den Kindern keinesfalls den Nutzen bringt, den man erreichen will, und der durch entsprechende Leibesübungen bei offenem Fenster auch sicher zu erlangen ist: Lungendurchlüftung, ausgleichende Körperbewegung nach dem Sitzzwang. Trotz Selter empfehle ich deshalb immer wieder ganz entschieden, in jeder einzelnen Schule Erörterungen darüber anzustellen, ob die Kinder wirklich den von der Pause erhofften Nutzen haben, oder ob sich andere Art der Pausenverwendung empfiehlt. Die Pausenverwendung, wie sie Selter vorschlägt, Heruntergehen in den Hof, kann außerdem doch nur für günstige Witterung in Betracht kommen, während sich die Leibesübungen bei offenem Fenster jederzeit vornehmen lassen.

Günstiger liegen die Verhältnisse in Schulgebäuden mit Pavillonsystem für 2 bis 4 Klassen; dort gelangen die Kinder sehr bald ins Freie, so daß sie auch während der kleineren Pausen den Genuß frischer Luft haben können. Derartige Schulanlagen bestehen z. B. in Ludwigshafen, Straßburg, Drontheim, Großlichterfelde, Lingen a. d. Ems, Posen, Hellerup b. Kopenhagen usw. Für große Schulgemeinden wird die allgemeine Durchführung derartiger Pavillonanlagen am Kostenpunkte scheitern.

Das Raummaß des Lehrzimmers richtet sich nach dem Luftraum, den man pro Schüler zur Verfügung stellen will. Im allgemeinen rechnet man für jüngere Schüler 4 bis 5 cbm, für ältere 6 bis 7 cbm, und zwar beruht diese Bemessung auf dem Kohlensäuremaßstab. Die Feststellung dieses Minimums von Luftraum pro Schüler muß, ganz gleich, welcher Maßstab zugrunde gelegt ist, mit Rücksicht auf die Leistungen der vorhandenen oder zu wählenden Lüftungseinrichtung erfolgen. Es soll der Luftkubus in erster Linie danach bemessen sein, daß in Verbindung mit der vorhandenen Lüftung dauernd eine Temperatur von 18 bis 20° C zwischen den Kindern gesichert werden kann. Diese allgemeine Forderung ist viel zweckdienlicher als das bloße Verlangen nach einem gewissen Minimum vom Luftraum; ihre Erfüllung ist für den Erbauer der Schule freilich nicht so einfach als nach einem gewissen Schema Schulzimmer mit bestimmtem Luftkubus aneinander zu reihen. Dies setzt voraus, daß der Erbauer in der Lage ist, den erforderlichen inneren Zusammenhang zwischen Lüftung im weiteren Sinne und Schulhausanlagen herzustellen!

Die **Kleiderablage** gehört auf die Flure oder noch besser in besondere, vom Lehrzimmer getrennte Räume mit guter Entlüftung. So selbstverständlich diese Forderung ist, und so leicht sich der Lehrer von ihrer Notwendigkeit überzeugen kann, da er doch selbst die widrigen Dünste aus feuchten Kleidern einatmen muß, um so schwerer ist es zu verstehen, wenn es sich der Lehrer immer wieder bieten läßt, daß die Kinder ihre feuchte Kleidung im Zimmer ablegen, obwohl auf dem Flur genug Gelegenheit zur Kleiderablage vorhanden ist. Es ist mir nicht unbekannt, daß der Lehrer leider sehr häufig wegen Kleiderdiebstähle gezwungen ist, die Überkleidung mit in das Lehrzimmer nehmen zu lassen. Diese Erlaubnis sollte aber doch nur eine vorübergehende Maßnahme bleiben, bis durch andere Einrichtungen derartige Diebstähle unmöglich gemacht werden! Entweder muß das Schulhaus dauernd geschlossen gehalten werden, bei gleichzeitiger entsprechender Kontrolle, oder es müssen verschließbare Kleiderablagen geschaffen werden. Letzteres läßt sich auch ohne besondere Räume erreichen, wenn die an der Flurwand hängenden Kleider durch verschieb- und verschließbare Gitter vor Diebstahl gesichert werden. Diese Einrichtung hat auch den Vorzug, daß sie wenig Platz wegnimmt.

Ich wende mich nun zu den **Einrichtungen in Schulgebäude und Schulbetrieb,** welche die Lüftungsanlage in der

Staubbekämpfung

zu unterstützen haben.

Die Hauptquelle des Schulluftstaubes ist der mit Schuhen und Kleidern von den Kindern täglich frisch hereingeschleppte Schmutz. Die Maßnahmen zur Staubbekämpfung haben deshalb hier in erster Linie einzusetzen. Aufklären der Kinder über die Gefahren, die ihnen aus dem Staube drohen, Erziehung zu dem Pflichtbewußtsein, daß jedes einzelne Kind durch Sauberkeit zum eigenen und des Ganzen Wohle beizutragen hat, bilden nach meiner Überzeugung die Grundlage aller übrigen Maßnahmen. Denn was nützen die schönsten hygienischen Einrichtungen, wenn sie von den Kindern nicht benutzt werden! Von Hause aus bringen recht wenig Volksschulkinder hygienisches Empfinden mit; Erweckung und Pflege desselben ist eine Erziehungsaufgabe der Schule. Gebote und

Verordnungen allein erziehen die Kinder noch nicht zur Reinlichkeit. „Füße abstreichen" steht bald an jedem Schulhauseingange zu lesen; die Kinder schenken diesem Plakat bald keine Aufmerksamkeit mehr, wenn sich mit ihm für sie keine weiteren Vorstellungen verbinden. Solange dem Kinde die Reinlichkeit kein Bedürfnis ist, wird es auch keinen besonderen Wert auf saubere Kleidung, Hautpflege, Mundpflege usw. legen. Schulbäder und Schulzahnkliniken können sehr zur Hebung der Reinlichkeit mit beitragen; solange aber der Besuch von Schulbädern freiwillig ist, kann man deren Bedeutung für die Sauberkeit der Kinder, besonders zur Beseitigung übler Gerüche bei mangelhafter Hautpflege, nicht allzuhoch anzuschlagen.

Die Fußbekleidung sollen sich die Kinder in gründlicher Weise vor Eintritt in das Schulgebäude reinigen. Es ist unzweckmäßig, wenn die Fußabstreicher erst innerhalb des Schulgebäudes liegen, denn der abgetretene Schmutz gelangt dort durch die Bewegung der Füße bei einigermaßen trockenem Wetter in Wolken von Staub in die Luft. Die Abstreicher sollen stets so breit und so tief sein, daß sie weder umgangen noch überschritten werden können; je länger sie sind, um so besser für die Fußreinigung. Auch bei starker Benutzung müssen sie noch wirksam bleiben, dürfen sich also nicht verstopfen, müssen haltbar sein und sich gut reinigen lassen. Am meisten sind zu empfehlen Metallgitterroste, Drahtgeflechte, Eisenstabroste, im Schulgebäude selbst auch Lederabstreicher. Die Maschen resp. Zwischenräume des Abstreichers dürfen nicht zu eng sein. Ganz ungeeignet für Schulen sind geflochtene Matten (Stroh, Kokosfaser usw.), ferner alle langhaarigen Fußabstreicher. Sie nutzen sich bei dem Massenbetrieb in Schulen schnell ab und verfilzen sehr leicht bei feuchtem Wetter. Tägliche gründliche Reinigung der Abstreicher ist unbedingt erforderlich. Gewisse Arten, besonders die langhaarigen Matten, trocknen aber von einem Tage zum anderen kaum aus und lassen sich dann natürlich auch nur mangelhaft reinigen; sind sie aber trocken geworden, dann geben sie bei der Benutzung fortwährend große Staubmengen her. — Vor wie hinter jedem Hauseingange sollen Abstreicher liegen, und zwar vor der Haustüre unter entsprechender Überdachung. Strenge Überwachung hat dafür zu sorgen, daß die Kinder beim Betreten des Schulhauses ihre Füße gründlich reinigen.

Schulreinigung.

Aller Schmutz, der von den Kindern oder auf andere Weise in das Schulhaus hereingebracht worden ist, soll auf dem schnellsten, gründlichsten und kürzesten Wege wieder beseitigt werden! Dieser Grundsatz ist fast selbstverständlich; seine Verwirklichung in der Praxis bildet nach meiner Überzeugung aber einen der schwächsten Punkte in der Schulhaushygiene. Die Ursachen für diese Tatsache liegen auf den verschiedensten Gebieten, nicht zum wenigsten sind sie finanzieller Natur. In den Bestrebungen zur Entfernung des Schmutzes aus den Schulen ist vielerorts sogar ein Stillstand, wenn nicht Rückschritt eingetreten, seit Einführung des sogenannten

Staubbindeverfahrens.

Nicht zuletzt unter dem Einfluß großer Reklame sucht man jetzt fast allgemein den Staub zunächst an den Fußboden zu binden und erst danach zu entfernen. Gegen dieses Verfahren ist an sich nichts einzuwenden, wenn es gelingt, den Fußbodenschmutz hinreichend zu binden, und wenn außerdem der Fußbodenschmutz genügend entfernt wird. Tritt letzteres in den Hintergrund, dann sammeln sich auf dem Schulfußboden ganz beträchtliche Schmutzmengen an, die man mancherorts nur durch Wegkratzen mit einem Eisen hat entfernen können.

Als Staubbindemittel dienen neben Leinöl, Bohnerwachs in neuerer Zeit besonders die Fußbodenöle, die Mineralöle als wesentliche Bestandteile haben. Stephani berichtet im schulärztlichen Jahresbericht 1909/12, daß sich in den Mannheimer Schulen bei der Fußbodenbehandlung mit Wachs empfindliche Übelstände gezeigt haben. Abgesehen davon, daß besonders im Winter Wachs sich nur schwer gleichmäßig auftragen läßt, bekommen derartig behandelte Fußböden eine gefährliche Glätte; auch wurde der Wachsüberzug durch Kehren und den Verkehr schnell wieder beseitigt. — Staubbindendes Öl bringt die Industrie unter den verschiedensten Phantasienamen in den Handel, häufig zu ganz unverhältnismäßig hohen Preisen. Billige Mineralschmieröle, sogenannte Spindelöle, genügen jedoch vollkommen, soweit sie gute Viskosität besitzen, geruchlos und frei von Säure, Mineral- und Farbstoff sind, bei einem spez. Gewicht von 0,8 bis 0,9 (Bedingungen für Dresdner Schulen). Selbstverständlich dürfen durch das Öl weder Fußboden noch Kleidung oder Schuhe geschädigt werden. Vor jedem Ölen muß der Fußboden mit warmem Wasser, Seife und Soda abgescheuert und wieder völlig getrocknet sein. Werden die Dielen vor dem Ölen nicht gründlich gereinigt, bekommen sie unansehnliche, schmutzige Färbung; Verwendung nicht farblosen Öles hat gleiche Wirkung. Das Öl ist dünn aufzutragen und gleichmäßig in den Boden zu verreiben. Je nach Raumtemperatur und Art des Holzes vergehen Tage bis Wochen, bevor das Öl völlig aufgesogen ist; vorher darf der Raum nicht benutzt werden, wegen zu großer Glätte, außerdem weil sich das Öl zu leicht abtreten würde. Bei weicher Diele (Kiefer, Tanne, Föhre) ist eine Frist von ca. 48 Stunden, bei Diele aus hartem Holz (Eiche, Buche) sind mindestens 3 Tage nötig. Das Ölen des Holzfußbodens ist je nach Benutzung des betreffenden Raumes zu wiederholen, im allgemeinen in den Lehrzimmern 3 bis 4 mal jährlich, auf den Fluren viermal jährlich. Linoleumbelag kann ebenfalls mit Stauböl behandelt werden, hält aber das Öl nicht so lange als Holz, und muß deshalb öfters geölt werden. Als Nachteil des Ölens fand ich häufig starkes Zusammentrocknen des Holzes; andererseits wird ihm auch Konservierung des Fußbodens nachgerühmt. Nicht so selten kam es bei Linoleumbelag durch Ansammlung von Stauböl unterhalb des Linoleums zu blasenförmiger Abhebung von der Unterlage. — Terrazzofußboden läßt sich ebenfalls ölen, nur ist darauf zu achten, daß er nicht zu glatt wird. Stein- oder Plattenbelag sind ungeeignet zur Behandlung mit Stauböl, ebenso auch der Holzbelag auf Treppen. Wird der Turnhallenfußboden geölt, muß die Fußbodenglätte völlig verschwunden sein, bevor er benutzt wird. Als ein Stauböl, das den Fußboden nicht glatt macht, empfiehlt die Königliche Landesturnanstalt in Berlin „Aspersit"[1]. Stich, Leipzig, hat als Ersatz für die Verwendung von Stauböl in Turnhallen einen tragbaren Spray-Apparat angegeben, der durch Handpumpe Wasser so zerstäubt, daß der Keimgehalt der Luft in 6 Minuten auf ein Drittel sank. So günstig die Wirkung dieses Apparates auch sein mag, nachhaltige Staubbekämpfung mit Hilfe desselben bleibt doch sehr hypothetisch: gerade im Schulbetriebe wird seine Verwendung oft genug vergessen werden; außerdem ist es für die

---

[1] Deutsche Turnzeitung 1910, Nr. 40.

Staubbekämpfung erstrebenswerter, den Staub möglichst schon am Fußboden unschädlich zu machen, als ihn erst in die Luft gelangen zu lassen und aus ihr wieder herabzuholen.

Lehrerinnen klagen oft über Beschmutzen des Rocksaumes durch geölten Fußboden. Wenn sich jene dadurch veranlaßt fühlten, im Unterricht in fußfreien Röcken zu erscheinen, so wäre dies nicht der kleinste Nutzen der Staubölverwendung.

Wie wirkt nun das Ölen des Fußbodens auf die Staubverunreinigung der Schulluft?

Den einfachsten Weg, um Vergleichswerte gegenüber andersartiger Fußbodenbehandlung zu erlangen, bietet die bakteriologische Luftuntersuchung. Lode[1]), der derartige Prüfungen zuerst angestellt hatte, kam zu dem Ergebnis: „Unser Urteil zusammenfassend, müssen wir in der Imprägnierung des Fußbodens mit Dustless-Öl ein wirksames Mittel erkennen, die Staubplage in geschlossenen Räumen auf ein Minimum herabzusetzen." Auch Hoffmann[2]) und Buchner[3]), ferner Wernicke[4]), Reichenbach[5]) kommen zu ähnlich günstigen Resultaten. Eingehende Versuche veröffentlichte Engels[6]). Er fand an Keimmengen, je nach Art des verwendeten Öles und Alter des Anstriches, durchschnittlich:

einige Tage nach dem Ölen		nach ca. 8—12 Wochen	
während der Vorlesung 11%	der bei den Kontrollversuchen	34,3%	
„ des Kehrens 14%	ohne Stauböl gewonn. Zahlen	32,8%	

andere Versuchsreihe		nach ca. 2½ Monaten
während der Vorlesung 4,5%	dto.	13,0%
„ des Kehrens 7,2%		20,5%

Im allgemeinen nimmt also die Wirkung des Bindeöls mit der Zeit ab. Hinweisen möchte ich ferner noch darauf, daß nach diesen Versuchsergebnissen, mit einer Ausnahme, während des Kehrens der Keimgehalt einen höheren Prozentsatz bildet als während der

---

[1]) Lode, Monatsschr. f. Gesundheitspfl. 1899, Nr. 11.

[2]) Hygienisches Institut Leipzig.

[3]) Buchner, Gutachten d. Hygienischen Instituts in München über die Wirkung des Dustlessöles. 15. Dezember 1900.

[4]) Wernicke, „Gesundheit" hyg. u. gesundheitstechn. Zeitschr. 1902, Nr. 22.

[5]) Reichenbach, Zeitschr. f. Schulgesundheitspfl. 1902, Nr. 7.

[6]) Engels, Zeitschr. f. Schulgesundheitspfl. 1903, Nr. 6.

Vorlesung. Über den Wert des Staubbindeölverfahrens schreibt
Reichenbach am Schlusse seiner Arbeit (vgl. oben): „Die staubvermindernde Eigenschaft ist über jeden Zweifel erhaben, wenn auch
ihre Hauptwirkung weniger bei der Benutzung des Zimmers als
beim Reinigen hervortritt." Es darf eben nicht übersehen werden,
daß während des Unterrichts der Staubgehalt der Schulluft außer
vom Fußbodenschmutz auch noch von anderen Ursachen abhängt
(Kleidung der Kinder usw.), beim Kehren dagegen allein der Fußbodenstaub die Quelle des Luftstaubes ist, vorausgesetzt, daß
Zugwirkung ausgeschlossen ist.

Grundlegend zur Lösung der Schulreinigungsfrage sind die

Hamburger Versuche,

die in der Zeit vom 2. Dezember 1909 bis 19. Januar 1910 unter
Trautmann und Meyer[1]) in 8 Schulen vorgenommen worden
sind.

Es wurden dort vier verschiedene Reinigungsverfahren angewendet:

1. Hamburger Verfahren: Fußboden täglich mit durch
Wasser befeuchteten Sägespänen fegen, zweimal wöchentlich unter Wegrücken der Schultische und Bänke. Alle 14 Tage Aufwaschen mit warmem Seifenwasser. Bänke, Tischplatten, Pult täglich, Borte unter den Tischplatten einmal wöchentlich mit feuchten
Tüchern reinigen.

2. Kopenhagener Verfahren: Fußboden täglich mit durch
Wasser befeuchteten Sägespänen unter Fortrücken der Tische und
Bänke fegen, darauf unter Rücksetzen der Tische und Bänke mit
nassen Tüchern aufwaschen. Bänke, Tischplatten, Pult, Tafeln und
anderes Inventar täglich mit feuchten Lappen reinigen. Wöchentlich einmal Fußboden und Inventar (Borte unter den Tischplatten)
mit Wasser und Seife oder Soda reinigen.

3. Staubbindeöl - Verfahren: Der Fußboden wird in gewissen, aus dem Bedarf sich ergebenden Zeiten, mit Fußbodenöl
behandelt; im übrigen den Fußboden täglich mit durch Wasser
befeuchteten Sägespänen fegen, zweimal wöchentlich unter Wegrücken der Schultische und Bänke; Tischplatten, Bänke und Pult
täglich, Borte unter den Tischplatten einmal wöchentlich mit

---

[1]) Trautmann, Gesundheitsingenieur 1910, Nr. 24; H. Th. Meyer,
Schulzimmer 4. 1910.

feuchten Tüchern reinigen. Aufwaschen mit warmem Seifenwasser fällt im gewöhnlichen Betrieb ganz weg.

4. Vakuum-Saugverfahren: Mittelst eines in der Schule eingebauten Vakuumsaugapparates Tischplatten, Bänke und Pult, Wandschrank und Fußboden täglich absaugen, zweimal wöchentlich unter Wegrücken der Schultische und Bänke; Borte unter den Tischplatten einmal wöchentlich absaugen. Alle 14 Tage Borte mit feuchten Tüchern auswischen und unter Wegrücken der Schultische, Bänke und des Pultes den Fußboden mit warmen Seifenwasser aufwaschen."

Die Erfahrungen, die mit diesen vier verschiedenen Reinigungsmethoden gesammelt wurden, faßt Trautmann im wesentlichen dahin zusammen:

1. Saugverfahren:

> a) „Vermag den Fußstaub am gründlichsten von der Gesamtbodenfläche zu beseitigen,
>
> b) ist auch bequem zur Reinigung der Wände sowie eines Teiles der Mobilien, Unterrichtsgegenstände usw. zu verwenden,
>
> c) entfernt den Schulstaub mit geringster Aufwirbelung,
>
> d) schafft durch diese ideale Art der Schmutzbeseitigung sowohl für die Schüler wie ganz besonders auch für die reinigenden Beamten die zweckmäßigsten hygienischen Verhältnisse,
>
> c) zwingt aber zum Aufnehmen größerer Schmutzstoffe (Papier, Federn, Brotresten usw.) mit der Hand,
>
> f) dürfte für die Innenflächen der Bänke weniger in Frage kommen als feuchtes Aufwischen."

2. Bindeölverfahren:

> Verursacht eine nur mäßige Staubaufwirbelung während der Reinigung. „Abnahme seiner Wirksamkeit innerhalb der längsten Beobachtungszeit (5 Wochen) ist nicht bemerkt worden. Das Zurückbleiben nennenswerter Mengen von Schulstaub auf dem Fußboden kam nicht zur Beobachtung, wenn auch damit zu rechnen ist, daß geringe Mengen von Schmutz durch die bindende Kraft des Öles für längere Zeit in der Klasse festgehalten werden. Irgend welche Nachteile, etwa schlechter Geruch, Ansammeln von Schmutzkrusten,

längere Zeit andauernde Fettigkeit des Bodens konnten nicht ermittelt werden."

3. Das Kopenhagener und Hamburger Verfahren beseitigen den Staub nicht in so weitgehender Weise wie das Saugluft- und Bindeölverfahren, und erreichen ihre Wirkung nur unter sehr starker Aufwirbelung des Schmutzes. Sie ergeben die ungünstigsten Verhältnisse für die reinigenden Personen, bleiben also hinter Saugluft- und Staubölverfahren zurück. Für die Schüler gaben die Reinigungsverfahren bei normalem Schulbetrieb annähernd gleichbleibende Werte.

Die von Trautmann untersuchten Reinigungsmethoden bilden eine Auslese der zur Zeit als beste in Betracht kommenden; recht viele Reinigungsvorschriften für Schulen stellen weit geringere Anforderungen. Eine Zusammenstellung von 44 Reinigungsinstruktionen, die Fürst[1]) aus der Mehrzahl deutscher Großstädte beschafft hatte, ergab, daß

1. Kehren bzw. feuchtes Aufwaschen der Lehrräume stattfinden soll:

   a) täglich nach 17 Dienstanweisungen,
   b) dreimal wöchentlich nach 2 Dienstanweisungen,
   c) zweimal wöchentlich nach 2 Dienstanweisungen.

2. Scheuern der Klassenzimmer mit Seife und Soda:

   a) einmal in der Woche nach 8 Dienstanweisungen,
   b) jede zweite Woche nach 4 Dienstanweisungen,
   c) monatlich nach 3 Dienstanweisungen,
   d) viermal jährlich nach 7 Dienstanweisungen,
   e) dreimal jährlich nach 2 Dienstanweisungen,
   f) zweimal jährlich nach 3 Dienstanweisungen.

Die Orte (Großstädte) mit jährlich zweimaligem Scheuern der Klassenzimmer befanden sich keineswegs unter denen, wo täglich gekehrt resp. feucht aufgewischt wurde! (In einem derselben dreimal wöchentlich, in den beiden anderen nur zweimal wöchentlich!!) Fürsts Zusammenstellung beweist, daß gerade die Schulreinigung einer der schwächsten Punkte der ganzen praktischen Schulhygiene ist. Wir sind noch weit entfernt von der allgemeinen Durch-

---

[1]) Fürst, Zeitschr. f. Schulgesundheitspfl. 7, 8. 1903.

führung der eigentlich selbstverständlichen Forderung nach täglicher Fußbodenreinigung im Schulgebäude. Die Hamburger Versuche haben die für die Schmutzentfernung zur Zeit zweckmäßigsten Wege gezeigt und uns den richtigen Maßstab zur Beurteilung des Bindeölverfahrens gegeben. Letzteres ist vor den übrigen Reinigungsverfahren nächst dem Saugverfahren am dringendsten zu empfehlen, da es für Schüler und Reinigungspersonal mit die günstigsten hygienischen Verhältnisse schafft. In schon bestehenden Schulhäusern wird das Staubölverfahren vor dem Staubabsaugen den Vorzug erhalten, da keine Neuanlagen erforderlich sind und auch die Betriebskosten geringer sind. Dort, wo der Fußboden das Stauböl nicht gut annimmt, z. B. bei Terrazzo, Steinplattenbelag usw., empfiehlt es sich, zum Kehren mit Stauböl getränktes Sägemehl zu verwenden. Dies Verfahren übertrifft das Kehren mit nur angefeuchtetem Sägemehl bei weitem, weil immer etwas Öl auf dem Fußboden zurückbleibt und staubbindend wirkt. Kehren ohne Sägemehl sollte in keiner Schule erlaubt sein! Untersuchungen Oker-Bloms[1]) haben bewiesen, daß bei trocknem Kehren ungeölten Fußbodens etwa viermal mehr Bakterien in der Luft vorhanden sind, als bei Kehren unter Benutzung feuchten Sägemehles. Am geringsten aber war der Bakteriengehalt der Luft bei feuchtem Aufwischen des Fußbodens. Nietner[2]) möchte den Besen ganz aus der Schulreinigung entfernt sehen. Dies wird sich in der Praxis der Schulreinigung weder bei geöltem noch bei ungeöltem Fußboden durchführen lassen, solange keine Staubsaugeanlage vorhanden ist. Abgesehen davon, daß in einigermaßen großen Schulen zu täglichem feuchten Wischen sehr viel Personal erforderlich ist, muß bei sehr schmutzigem Fußboden der größte Teil des Schmutzes auch erst durch Kehren entfernt werden, ehe mit dem feuchten Tuch gewischt werden kann, da sonst der Boden stark verschmiert werden würde.

Hat die Lüftungsanlage einen besonderen Absaugventilator, dann kann die Lüftung mit der **Staubsaugeeinrichtung** verbunden werden, wie es Schippel (l. c.) empfohlen hat.

Unter **Staubsaugeverfahren** faßt man allgemein die Reinigungsverfahren zusammen, die ein Staubentfernen mit Hilfe der Luft erstreben.

---

[1]) Oker-Blom, Internat. Archiv f. Schulhygiene 1911.
[2]) Nietner, Internat. Archiv f. Schulhygiene 1911.

Vakuum - Entstaubungseinrichtungen: durch fließendes Wasser oder strömenden Dampf wird ein luftverdünnter Raum (Vakuum) in einem Kessel erzeugt und gleichzeitig der angesogene Staub beseitigt. Als Saugkraftquelle kann auch eine durch Motor betriebene Saugluftpumpe dienen; zwischen Leitung und Pumpe wird dann der sogenannte Staubabscheider (Filter) eingeschaltet. — Der Vakuumkessel steht in Verbindung mit einer Rohr- oder Schlauchleitung, an deren Ende das zum Ansaugen des Staubes dienende Mundstück sich befindet. Letzteres hat die verschiedensten Formen, entsprechend den zu reinigenden Flächen. — Da festsitzender Schmutz durch Saugwirkung allein sich nicht immer beseitigen läßt, hat man Entstaubungsapparate konstruiert, bei denen Druck- (zum Lockern des Staubes) und Saugwirkung zu gleicher Zeit arbeiten können, sogenannte Preßluft - Entstaubungsanlagen (Borsig). — Stationäre Staubsaugeanlagen nennt man solche, die eine zentral gelegene Kraftquelle haben, von der aus ein System fester, glattwandiger Röhren, die in die Wände eingebaut sind, zu den Zimmern führt. Dort befinden sich dann die verschraubbaren Anschlußstellen zur Verbindung mit dem Mundstück. Die transportablen Staubsauger bedürfen dieser langen Rohrleitungen nicht, da sie in die einzelnen Zimmer getragen werden können, wo sie durch Hand oder Motor in Bewegung gesetzt werden. Bei transportablen Staubsaugern ist vor allem auf staub- und luftdichte Staubfilter zu achten. Für Schulreinigung sind nur solche Anlagen brauchbar, die dauernd ein genügend großes Vakuum erzeugen.

Über die Reinigungskosten ergaben die Hamburger Untersuchungen folgendes:

Bei 1 Mk. Lohn für eine Arbeitsstunde kostete die tägliche Reinigung:

einer mit Bindeöl behandelten Klasse . . . . 0,73 Mk.
einer nach sogenanntem Hamburger Verfahren behandelten Klasse . . . . 0,73 ,,
einer mit Saugluft behandelten Klasse . . . . 0,86 ,,
einer nach sogenanntem Kopenhagener Verfahren behandelten Klasse . . . . 1,15 ,,

Diese Kostenansätze würden sich aber noch sehr zugunsten des Stauböls- und Saugverfahrens verschieben, wenn es gelänge, die

Gesundheitsschädigung des Reinigungspersonales für die einzelnen Verfahren zahlenmäßig zu berechnen, z. B. auf Grund des Einflusses, den die Art der Schulreinigung auf Entstehung vorübergehender oder dauernder Dienstunfähigkeit des Personales hat. Ich kenne noch keine Krankheitsstatistik dieser Art, doch ist nach meinen persönlichen Beobachtungen Erkrankung der Atmungsorgane bei Schulhausleuten unverhältnismäßig häufig. — Auch die Gründlichkeit der Reinigung kann nur gewinnen, wenn die Staubbelästigung für das Personal geringer wird.

Reinigungspersonal.

Im allgemeinen wird die Schulreinigung von den Schulhausleuten besorgt, in größeren Schulgebäuden mit Unterstützung von Hilfspersonal. Muß der Hausmann diese Leute von seinem Gehalt oder von ihm gewährtem besonderen Reinigungsgeld bezahlen, so wird er meist das Bestreben haben, am Personal zu sparen; erst recht natürlich, wenn der Reinigungszuschuß nicht sehr reichlich ist. Je weniger Personal zur Reinigung zur Verfügung steht, um so schneller werden die einzelnen Personen die Reinigung vornehmen müssen, um überhaupt fertig zu werden. Gründliches Reinigen, vorsichtiges Kehren hält unter solchen Umständen zu lange auf; mangelhafte Reinigung, starkes Verstauben der Wände und Gegenstände sind die unausbleiblichen Folgen. Wie häufig hat der Hausmann nur seine Familie, Frau und Kinder, als Hilfskräfte zur Verfügung! Auf dem Lande, wo in so mancher Schule weder Schuldiener noch Hausmann vorhanden ist, sieht es oft noch trauriger aus! Nicht selten sagt die Schulordnung, daß die Reinigung dem „pflichtgemäßen Ermessen" des Dorfschulzen überlassen bleibt! Eine Vorstellung von diesem „pflichtgemäßen Ermessen" gibt eine Mitteilung in der Zeitschr. f. Schulgesundheitspflege *1*, 1910 über einen Schulzen, der wöchentlich einmal die Schule ausfegen und einmal jährlich das Schulzimmer weißen ließ. Nur weil der Lehrer sich weigerte, in dem mit Kalkflecken bespritzten Zimmer zu unterrichten, wurde dasselbe auch einmal gescheuert! Wilker[1] berichtet von einer Dorfschule, in der die Schulkinder die Reinigung der Zimmer vornehmen müssen, sogar Reinigungshilfsmittel, wie Besen, zu liefern und mitzubringen haben! Welche Ansicht haben

---

[1] Wilker, Zeitschr. f. Schulgesundheitspfl. *7*. 1913.

wohl jene Behörden, die solches zulassen, über die Abhängigkeit der Schulluftbeschaffenheit von der Reinigung der Schulräume?! Es hat allerdings nicht an Stimmen gefehlt, die aus erzieherischen Gründen die Beteiligung der Schulkinder an der Schulzimmerreinigung empfohlen haben. Auch als Hygieniker kann man nur zustimmen, wenn die Schule sich bemüht, den Reinlichkeitssinn der Kinder zu wecken. Dazu bietet sich aber gerade im Schulbetriebe so vielfache Gelegenheit, daß nicht ausgerechnet das Kehren des Schulzimmers als Erziehungsmittel herangezogen zu werden braucht. Max Oker-Blom[1]) ist der Meinung, daß die Ansteckungsgefahr, der die Kinder ausgesetzt sind, wenn sie sich in der Schule an der sachgemäßen Reinigung etwas beteiligen, keine besonders große ist. Er fand weniger Bakterien in der Luft, etwa 16 000 pro 1 cbm Luft, wenn das Zimmer mit feuchtem Sägemehl gekehrt wird, als wenn die Schüler einer Klasse zweimal im Zimmer lebhaft herumlaufen, wobei etwa 20 000 Bakterien pro 1 cbm Luft angetroffen wurden. Aus diesem Vergleiche beider Luftbefunde vermag ich als Arzt aber keineswegs die Zulässigkeit abzuleiten, Kinder zum Schulzimmerkehren mit heranzuziehen. Ich kann aus den Untersuchungsergebnissen Oker-Bloms höchstens folgern, daß entweder derartig lebhaftes Umherlaufen, durch welches der Keimgehalt der Luft größer als beim Kehren wird, zu unterbleiben hat, oder daß durch bessere Fußbodenpflege die Luftverunreinigung zu verringern ist; letzteres halte ich für das Wichtigere. Oker-Blom schränkt seine Zustimmung ja sehr ein, indem er verlangt, daß bei Beteiligen der Kinder an der Schulreinigung strenge Aufsicht für sachgemäße Art der Reinigung zu sorgen hat. Letzteres wird aber auch die Aufsicht nur schwer erreichen, und außerdem möchte ich diese Erziehungspflicht keinem Lehrer zumuten.

Am zweckmäßigsten ist die Reinigung durch Personal, das kein Interesse daran hat, möglichst schnell fertig zu werden, und das nicht vom Schulhausmann, sondern von der Schulbehörde bezahlt wird. Gut kontrollierte Reinigungskolonnen sind für großstädtische Schulverhältnisse schon mehrfach empfohlen und stellenweise bereits eingeführt worden (z. B. Wiesbaden; München, das die Reinigung an Unternehmer vergeben hat).

---

[1]) Max Oker-Blom, Internat. Archiv f. Schulhygiene S. 477 ff.

Am guten Willen zu gründlicher Reinigung fehlt es bei den Hausleuten meist weniger als an der Zeit dazu, besonders dann, wenn die Schule den ganzen Tag und womöglich auch noch am Abend, für Fortbildungsschule usw., besetzt ist. Wann soll dann gründlich gereinigt werden?! Die Behörden sind nicht ganz schuldlos an mangelhafter Reinigung der Schulräume, wenn sie übermäßige Besetzung der Schule zulassen. Um einigermaßen fertig werden zu können, werden die Hausleute unter solchen Umständen die Flure und Treppen kehren, während die Kinder in den Lehrzimmern sind. Oft genug aber wird der dabei in die Luft gewirbelte Staub sich noch nicht einmal gesetzt haben, wenn die Kinder in der folgenden Pause die Flure wieder betreten. Am zweckmäßigsten wäre feuchte Reinigung der Schulräume ca. 1 Stunde nach Schulschluß; auf diese Weise würde auch der aus der Luft abgeschiedene Staub gleichzeitig mit entfernt. Sehr häufig wird die Reinigung vom Personal recht unzweckmäßig ausgeführt. Für große Schulgemeinden ist die Überwachung der Reinigung durch besondere Aufsichtsbeamte sehr empfehlenswert, vor allem dann, wenn die betreffenden Beamten dem Reinigungspersonal auch mit gutem Rate zur Seite stehen.

Aber auch die beste Reinigungsmethode wird nur ungenügende Resultate ergeben, wenn der Fußboden selbst gründliche Reinigung unmöglich macht. Zur leichten Entfernung des Schmutzes soll die Diele glatt und möglichst fugenlos sein. Öfteres gutes Ausfugen ist daher dringend erforderlich; noch besser ist es, durch zweckmäßige Dielung die Bildung größerer Fugen überhaupt zu verhüten (ausgetrocknetes Holz, schmale Bretter statt breite). Auch die Holzart ist sehr wichtig; Fichten- und Tannenholz nützt sich sehr schnell ab und vermehrt so den Fußboden- resp. Luftstaub. Astarme oder astfreie Kiefernholzdielen, ebenso Eichenriemenboden sind für Schulen zu teuer; verhältnismäßig am billigsten und auch sehr haltbar ist für Schuldielung das Holz guter Pechfichte. Vielfach wird auch fugenloser Fußboden (Linoleum, Terrazzo, Granito usw.), Fußboden aus Magnesiazement mit organischen Beimischungen, wie Magnesitmehl, Chlormagnesium, Sägemehl, Korkmehl, Papierstoff, Kieselgur, Infusorienerde usw.) verwendet. So günstig Linoleumbelag für Wohnräume ist, für Schulzimmer fehlt ihm vielfach die erforderliche Haltbarkeit. Auch Magnesiazementfußboden ist, besonders bei ungenügendem Magnesiagehalt, häufig wenig widerstandsfähig. Terrazzo-, Granitobelag usw. sind zwar dauerhafter, entziehen dem Fuß aber sehr viel Wärme. Für Turnhallen-Fußböden kommen Linoleum oder Pechfichte in Betracht, ersteres aber nur dort, wo nur mit Turnschuhen geturnt wird. Das Linoleum, 5 mm stark, wird auf Beton gelegt, mit 1 bis 2 cm dicker Korkestrichzwischenschicht. — Guter Magnesiazementfußboden, Terrazzo usw. eignen sich besonders für die Flure.

Erschwert wird die Reinigung des Schulzimmerfußbodens durch die vorhandenen Bänke, und zwar wird vor allem durch die Fußroste die Reinigung unter den Plätzen behindert. Zur gründlichen Fußbodensäuberung alle Bänke wegzurücken, erfordert viel Kraft und Zeit, und es ist erklärlich, wenn sich das Reinigungspersonal nicht immer die Mühe gibt, vor dem Kehren die Bänke wegzurücken. Zweckmäßig ist es deshalb, durch besondere Konstruktion der Bänke die Fußbodenoberfläche unterhalb derselben gründlicher Reinigung bequem zugänglich zu machen. In dieser Beziehung kommen vor allem die sogenannten Mittelholmbänke und die sogenannten seitlich umlegbaren Bänke (Rettig) in Betracht. Bei den Mittelholmbänken ist der Platz unter Sitz und Pultplatte seitlich für den Besen zugänglich, bei feststehender Bank. Bei den umlegbaren Bänken dagegen werden die Bänke reihenweise seitlich umgelegt, so daß auf einmal eine große Reinigungsfläche vorhanden ist. Sehr überzeugend sind die Versuche, die Rettig angestellt hat: Mitten in einem Gang zwischen zwei Reihen Mittelholmbänke zog er einen Kreidestrich von vorn bis hinten, parallel hierzu in Abständen von je 10 cm gleiche Kreidestriche, links und rechts bis mitten unter die danebenstehenden Mittelholmbankreihen. Mit den üblichen Reinigungswerkzeugen ließen sich bei 40 cm Gangbreite, mehr war aus bauökonomischen Gründen nicht möglich, die im Mittelgang befindlichen Striche sehr leicht gründlich entfernen. Das Beseitigen der übrigen unter den Mittelholmbänken befindlichen Kreidestriche bereitete aber sehr große Schwierigkeiten, die allergrößte bei den kleinen mit Klapprost versehenen Bänken der ersten Schuljahre. Diese Schwierigkeiten waren erst dann zu beseitigen, wenn die Gangbreiten auf 60 bis 90 cm erhöht wurden. Erst dann war es möglich, den unter der Bankmitte befindlichen Kreidestrich ohne Schwierigkeiten noch zu entfernen.

Die großen breiten Flächen, die nach dem System Rettig durch seitliches Umlegen der Bänke erzielt werden, ermöglichen viel leichter ein gründliches Reinigen des Schulzimmerfußbodens.

Im Interesse der Schullufthygiene liegt es auch, wenn die **Fußroste** der Schulbänke mit **Rillen** versehen sind, damit der von den Schuhen abgetretene Schmutz sich dort sammelt, statt von den Schuhen zerrieben und in die Luft gewirbelt zu werden. Es ist empfehlenswert, die Fußroste ebenfalls mit staubbindendem Öl zu streichen.

Das Einschleppen des Straßenschmutzes in das Schulgebäude läßt sich sehr einschränken, wenn die Kinder nach Betreten des Schulhauses ihre Straßenschuhe ablegen und mit besonderen **Schulschuhen** vertauschen müssen; auch durch Tragen von Überschuhen läßt sich gleicher Erfolg erreichen. Bekannt sind die in Amsterdam eingeführten Schulpantoffeln[1]); in Deutschland sind ähnliche Einrichtungen nur vereinzelt getroffen worden. Dagegen möchte ich davon abraten, Filzschuhe als Schulschuhe zuzulassen, da diese arge Staubquellen werden können. Besonders nötig ist der Schuhwechsel in der **Turnhalle.** Auch in einfachen Volksschulen läßt sich durch Energie und Konsequenz des Lehrers erreichen, daß fast alle Kinder beim Turnen Turnschuhe tragen; der Schularzt kann durch Belehren und Aufklärung die Bestrebungen des Lehrers erfolgreich unterstützen.

Neben dem Fußbodenschmutz bildet auch der **Staub an Wänden, Gardinen, Heizkörpern** usw. eine Quelle fortwährender Luftverunreinigung. Deshalb weg mit erhabenen Verzierungen und Leisten an den Wänden, Möbeln usw.; auch die Innenarchitektur des Schulzimmers muß sich sinngemäß fügen den Geboten der Lüftung im weiteren Sinne. Die Wände sollen glatt und möglichst abwaschbar sein, öfteres feuchtes Reinigen derselben wie der Zimmereinrichtungsgegenstände ist dringend erforderlich. Höchst bedenkliche Staubfänger sind die Fenstervorhänge; ihre Beseitigung ist um so dringender geboten, als sie ja auch viel Licht absorbieren, sobald sie vorgezogen sind. Die Vorhänge sollten durch entsprechende Fensterverglasung ersetzt werden, zum mindesten müßten sie von den Korridorfenstern verschwinden. Noch so schöner Faltenwurf dieser Fensterverkleidung kann nicht über das

---

[1]) Mouton, Zeitschr. f. Schulgesundheitspfl. *8.* 1903.

Mißbehagen hinwegtäuschen, das auch ästhetisches Empfinden beim Anblick solcher staubbeladener „Fensterverzierungen" haben muß.

Zum Schluß ist auch noch der Maßnahmen zu gedenken, die Luftverunreinigung durch kranke Menschen verhüten sollen. Kinder, die durch Husten usw. Krankheitskeime in die Luft bringen, sind vom Schulbesuch fern zu halten, und zwar diphtheriekranke Kinder bis zum Nachweis der Bazillenfreiheit, Kinder mit Mandelentzündung, Influenza usw. bis zur Heilung. Tuberkulöse Lehrer wie Kinder dürfen nur dann am Unterricht teilnehmen, wenn der Auswurf frei von Tuberkelbazillen ist (geschlossene Tuberkulose).

Heizung.

Heizung der Schulräume ist erforderlich, sobald den Insassen durch Leitung oder Strahlung derartig Wärme entzogen wird, daß das subjektive oder objektive Befinden leidet. Die Heizung hat sich also auf Raumluft und Raumumfassung zu erstrecken. Sie soll eine im ganzen Raum gleichmäßig verteilte Lufttemperatur herstellen, 18—20° C im Zimmer, 15° auf den Fluren, 14° C in der Turnhalle. Die Flure ungeheizt zu lassen, ist nachteilig für Kinder wie Lehrer; auch für die Wärmeverhältnisse im Zimmer ist die Wirkung ungünstig, indem die Innenwände zu sehr abkühlen. Ferner können auch leicht Zugerscheinungen vom ungeheizten Korridor nach dem geheizten Zimmer auftreten, wie wir im Kapitel „Lüftung" kennen lernten. — Das für die Raumumfassung erforderliche Wärmequantum richtet sich keineswegs nur nach Ausdehnung und Stärke der Wände, sondern vor allem auch nach der Lage des Zimmers (Sonnenlage, Windanfallseite, Zahl der freien Wände usw.). Die Heizanlage muß derart sein, daß sie die gewünschte Raumtemperatur ohne Belästigung der Kinder schnell herstellen und auch erhalten kann. Bei Schulzimmerheizung ist mehr als bei Wohnungsheizung darauf Rücksicht zu nehmen, daß die Zimmerinsassen selbst reichlich Wärme produzieren; allein durch die Zimmerbesetzung vermag die Lufttemperatur im Verlauf einer Stunde schon um ca. 2° C zu steigen. Es soll daher die Schulzimmertemperatur zu Anfang der ersten Unterrichtsstunden nicht über 16° C betragen. Wärmelieferung durch die Zimmerinsassen und Ansteigen der Außentemperatur können im Laufe des Unterrichtes Einschränkung der Heizung erforderlich machen. Dies setzt gute Regulierungsfähigkeit der Heizanlage voraus.

Von den beiden Möglichkeiten zur Wärmeausbreitung verdient in den Schulzimmern die durch Leitung den Vorzug. Die gestrahlte Wärme ist zwar intensiver, ist aber zu ungleichmäßig, da ihre Wirkung im Quadrat der Entfernung von der Wärmequelle abnimmt. Die Temperatur der Heizkörper muß schon sehr hoch sein, wenn den entfernt sitzenden Schülern durch Strahlung genügend Wärme zugeführt werden soll; die nächstsitzenden Kinder werden dabei durch zu große Wärme belästigt. Andererseits kann auch bei der Schulzimmerheizung die Wirkung strahlender Wärme nicht völlig entbehrt werden, besonders für die Erwärmung der Raumumfassung. Denn allein durch Leitung der Luft Wände, Decke und Fußboden auf derartige Temperaturen zu bringen, daß die Rauminsassen empfindlichen Wärmeverlust nicht mehr erleiden, wäre sehr umständlich und meist sogar gesundheitsschädlich. Luft vermag als schlechter Wärmeleiter nur relativ wenig Wärme den Mauern zuzuführen, bedarf zur Wirkung also langer Zeit oder sehr hoher Eigentemperatur.

Der Schulbetrieb bringt es mit sich, daß die Raumerwärmung nur für einen Teil des Tages nötig ist. Wird die Heizung nicht fortgesetzt, kann die Temperatur der Umfassungsmauern derart sinken, daß am nächsten Tage den Zimmerinsassen durch Strahlung beträchtliche Wärmemengen entzogen werden. Bei sehr kalter Witterung ist deshalb fortgesetzte Heizung, „Dauerheizung“, erforderlich. Durch letztere können allmählich aber derartige Wärmemengen in den Wänden aufgespeichert werden, daß dem Körper die zur Wärmeregulierung nötige Wärmeabgabe durch Strahlung sehr erschwert wird. Nußbaum schlug deshalb vor, bei Dauerheizung die Zimmertemperatur ca. 2° niedriger als bei vorübergehender Heizung zu halten.

Bei der Aufstellung der Heizkörper muß besonders den Luftströmungen, die zwischen den kälteren Umschließungsflächen des Raumes und der Wärmequelle entstehen, Rechnung getragen werden. Rubner[1]) hat nachgewiesen, daß im Zimmer sogar an sich nicht wahrnehmbare und auch anemometrisch nicht nachweisbare Luftströme, sobald sie auf den Körper infolge ihrer niederen Temperatur oder anderer Ursachen stärker Wärme entziehend wirken, dem Gesamtkörper schädlich werden können. Als Stand-

---

[1]) Rubner, Archiv f. Hygiene *50*, S. 296.

ort für Aufstellung des Heizkörpers kommen im Lehrzimmer besonders zwei Möglichkeiten in Betracht:

a) Der Heizkörper steht an der Innenwand: Die am Ofen erwärmten Luftschichten steigen zur Decke empor, kühlen sich am Fenster ab, sinken zum Fußboden und ziehen dann zum Heizkörper hin (Fig. 23). Die Zimmerinsassen bekommen kalte Füße, die am Fenster Sitzenden leiden außerdem noch unter der Zugwirkung kalter Luftströmungen.

b) Der Heizkörper steht an der Fensterwand: Beim Aufsteigen der am Heizkörper erwärmten Luftschichten werden die von der Fensterwand kommenden kühlen Luftströmungen mit

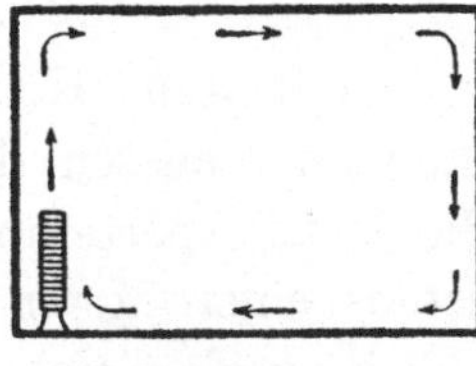

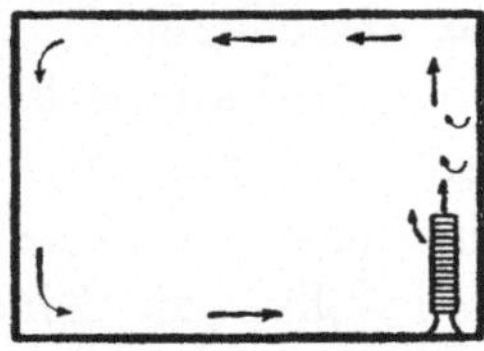

Fig. 23.   Fig. 24.

aufwärts geführt. An der Innenwand senkt sich die Luft und streicht dann, immer noch angewärmt, über den Fußboden hin (Fig. 24). Gleichmäßige Wärmeverteilung ist der Vorzug dieser Art von Heizkörperaufstellung.

Die Heizungsanlage selbst muß frei sein von gesundheitsschädigenden Nebenwirkungen. Zu verhüten ist besonders die Verunreinigung der Zimmerluft durch Rauch, Staub, Asche oder schädliche Gase (Kohlensäure, Stickstoff, Kohlenwasserstoff, Kohlenoxydgas, Ammoniak), ferner jede Veränderung der Luft in ihrer chemischen Beschaffenheit. Kohlenoxydgasvergiftung durch Schulheizungsanlagen sind schon mehrfach berichtet worden[1]). Belästigung der Kinder und Lehrer durch rauchende Schulzimmeröfen ist keine Seltenheit, wenn sie auch nicht immer derartige Folgen hat, wie im nachstehenden Falle[2]): In einem neuen Schulhause, wo die Öfen beständig rauchten, konnte der Lehrer den gesundheitsschädlichen Einwirkungen des Rauches und der Gase nur durch Öffnen der Fenster begegnen. Da die Zustände

---

[1]) z. B. Zeitschr. f. Schulgesundheitspfl. 7. 1902; 2. 1903.

[2]) Zeitschr. f. Schulgesundheitspfl. 8. 1913.

zwei volle Jahre dauerten, zog er sich ein rheumatisches Leiden zu, für dessen Behandlung die Gemeinde 500 Mk. Kurkosten zahlen mußte. (Urteil vom Oberlandesgericht in Posen, April 1913.)

Beträchtliche Luftverunreinigung entsteht durch Verbrennen oder Verschwelen von Staub an den Heizkörpern. Ist der Staub reich an Resten von Pferdedünger, dann treten gasförmige Zersetzungen schon bei Heizkörperoberflächen-Temperaturen von 65° bis 70° C ein. Bei Dauerheizung, d. h. wenn die Heizkörper dauernd warm gehalten werden, ist die Gefahr der Staubzersetzung geringer, da der von den Heizkörpern ständig aufsteigende warme Luftstrom ein Ablagern des Staubes aus der Luft auf die Heizkörper fast ausschließt.

Um mit verhältnismäßig niedrig erwärmten Heizkörpern den Raum genügend erwärmen zu können, müssen die Heizflächen hinreichend groß sein. Sind die Heizkörpertemperaturen hoch, dann sollen die Kinder mindestens einen Meter von der Wärmequelle entfernt sitzen. Einfachheit und Gefahrlosigkeit in der Bedienung sind weitere wichtige Erfordernisse für Schulheizung.

Die Erwärmung der Schulräume kann in jedem einzelnen Raume oder für eine Gruppe resp. alle Räume von einer Zentralstelle aus geschehen. Man unterscheidet danach:

1. Einzelheizung (Lokalheizung),
2. Sammelheizung (Zentralheizung).

Einzelheizung.

Als Einzelheizung kommen für Schulen vorläufig nur die Ofenheizung und die Gasheizung in Betracht; elektrische Heizung wird nur ausnahmsweise verwendet, wo elektrischer Strom sehr billig geliefert werden kann. Dietz[1]) berechnet die Kosten elektrischer Heizung auf etwa das Achtfache der Gasheizung und das Zwanzigfache der Steinkohlenheizung. Leichte Regulierbarkeit, Reinlichkeit und das Fehlen gasförmiger Luftveränderungen usw. sind Vorzüge der elektrischen Heizung, welche sie gerade für Schulen dringend empfehlen.

---

[1]) Dietz, Ventilations- und Heizungsanlagen. 1909.

Ofenheizung. Die Anschaffungskosten sind verhältnismäßig gering. Etwa nötig werdende Reparaturen lassen sich von Handwerkern am Orte ausführen, ein wesentlicher Vorzug für Schulen an kleineren Orten, wo weder Sachverständige noch Werkstätten zur Vornahme größerer Reparaturen an komplizierten Heizungseinrichtungen vorhanden sind. Auch die Bedienung des Ofens ist im allgemeinen einfach, erfordert aber immerhin ein gewisses Verständnis. Sie ist in einigermaßen großen Schulgebäuden mit reichlicher Arbeit verbunden, für Hinzuschaffen von Heizmaterial, Entfernen der Asche usw. Das Versorgen des Ofens während des Unterrichtes kann unter Umständen sehr stören. Die Zugwirkung des Schornsteines ist für die Leistung des Ofens sehr wesentlich. Die Esse soll weit genug sein, möglichst senkrecht verlaufen, glatte Innenwände haben. Ihre Mündung muß hoch über Dach liegen, möglichst durch Aufsätze nach Art der früher beschriebenen Deflektoren geschützt, um die saugende Wirkung des Windes für den Essenzug nutzbar zu machen. Je länger der Schornstein, um so besser der Zug; Öfen, die in der Mitte des Hauses stehen, haben bei den in unseren Gegenden üblichen Steil- oder Schrägdächern den längsten Schornstein, folglich auch den besten Zug. Der Rauchabführungskanal muß in seinem Verlaufe gegen die Wirkung starker Abkühlung wie starker Sonnenbestrahlung geschützt sein, da sonst die Zugwirkung derart herabgesetzt werden kann, daß die Beseitigung der Verbrennungsgase ungenügend wird. Schon deswegen ist es notwendig, den Schornstein und dementsprechend auch den Ofen selbst in das Gebäudeinnere, also an die Innenwand der Zimmer zu verlegen. Diese Stellung des Ofens hat aber, wie wir schon oben sahen, ungünstige Verteilung der Wärme im Raume zur Folge. Unter solchen Verhältnissen ist die Ofenheizung als unzweckmäßige Schulheizung zu bezeichnen. In französischen, auch in belgischen Schulen findet man Öfen an der Außenwand, so das Ofenheizsystem nach Geneste und Herscher[1]). — Ofenheizung ist meist nur stundenweise in Betrieb, um am Brennstoff zu sparen; in der Regel fehlt es auch an Zeit und Personal zur dauernden Bedienung. Die Folgen vorübergehender Heizung, wie Auskühlen der Wände usw., sind daher gerade bei Ofenheizung sehr häufig festzustellen. Wie bei jedem anderen, so ist natürlich auch beim Schulzimmer-

---

[1]) Vgl. auch die Schrift von Julien Lefèvre, Le chauffage et les applications de la chaleur dans l'industrie.

ofen Voraussetzung, daß das Heizmaterial möglichst vollkommen verbrannt und zur Erwärmung des Raumes ausgenützt wird. Die zur Verbrennung erforderliche Luft wird, sobald sich die Feuerstätte im Zimmer befindet, der Raumluft entnommen; es vermittelt also die Ofenheizung einen fortwährenden Luftwechsel, vorzugsweise durch Absaugen der über dem Fußboden ruhenden Luftschichten. So nützlich dieser Vorgang in Wohnräumen sein mag, für Unterrichtsräume halte ich ihn für weniger vorteilhaft, da die am Fußboden entstehende Luftströmung fortwährend kalte Luft von Tür und Fenster nach sich zieht. Selbst wenn der dabei entstehende Zug nur gering ist, so kann er doch auf die Dauer die an der Tür oder am Fenster sitzenden Kinder recht empfindlich schädigen. Es ist deshalb nur zu empfehlen, die Feuerungsstätte des Ofens aus dem Lehrzimmer nach dem Flur zu verlegen. Gleichzeitig wird dadurch auch die Störung des Unterrichtes, die Verunreinigung der Zimmerluft durch Asche, Kohlenstaub usw. vermieden.

Der übliche eiserne Ofen heizt vor allem durch Strahlung und kann dadurch besonders lästig werden; Überhitzung seiner Umwandung bis zur Rotglut kommt oft genug vor. Staubverbrennungsvorgänge, besonders auch Verschwelen und Verbrennen des beim Beschütten aufgeflogenen Kohlenstaubes sind beim eisernen Ofen kaum zu vermeiden; deshalb ist es aber auch zweckwidrig, an der Außenwand des eisernen Ofens staubfangende Verzierungen anzubringen. Der eiserne Ofen wird schnell warm, kühlt aber infolge seiner guten Wärmeleitung eben so schnell aus, zumal seine dünnen Wandungen keine Wärme aufzuspeichern vermögen. Es ist deshalb zweckmäßig, wenn der eiserne Ofen innen mit Kacheln ausgelegt wird, da letztere größere Wärmemengen ansammeln können. Nur besteht bei derartigen Öfen wegen des verschiedenen Wärmeausdehnungskoeffizienten von Eisen und Kacheln die Gefahr, daß der Ofen leicht undicht wird. Durch Regulierung des Feuers läßt sich der eiserne Ofen in gewissem Grade dem Wärmebedürfnis anpassen, jedoch kann es dabei passieren, daß man mehrmals am Tage neu anbrennen muß. Letzteres vereinfacht nicht gerade die Wärmeregulierung.

Älter als der eiserne Ofen ist der reine Kachelofen. Sein Material, der Ton, ist im Gegensatz zum Eisen ein schlechter Wärmeleiter, der sich nur langsam erwärmt. Infolge seiner großen Wärmekapazität verschluckt er beim Anheizen erst große Wärmemengen, ohne zu heizen, aber einmal erwärmt, gibt er die Wärme auch nur langsam an die umgebende Luft ab. Der Kachelofen heizt mehr durch Leitung als durch Strahlung, besonders dann, wenn die Kacheln außen mit einer Glasur versehen sind. Dies macht derartige Heizquellen für Zimmerinsassen sehr angenehm. Um das Lehrzimmer zu Beginn der Besetzung warm zu haben, muß der Ofen schon sehr zeitig angeheizt werden; sonst kann es passieren, daß er wärmt, wenn die Kinder das Zimmer wieder verlassen wollen. Am besten wäre es bei Kachelofenheizung, schon während der Nacht zu heizen, damit bei Unterrichtsbeginn der Raum gehörig durchwärmt ist. Recht unangenehm wird das große Wärmeaufspeicherungsvermögen des Kachelofens, sobald schnelle Temperaturregulierung notwendig wird. Schnelle Temperaturherabsetzung der Zimmerluft läßt sich dann nur durch Fensteröffnen erreichen; Öffnen der Ofentüre zum Auskühlen des Ofeninnern wirkt viel zu langsam. Die mangelhafte Regulierungsfähigkeit des Kachelofens, die Unmöglichkeit, die Wärmeabgabe dem jeweiligen Wärmebedürfnis der Rauminsassen anzupassen, macht den Kachelofen für die Schulheizung ungeeignet. Schnellere Raumerwärmung ist möglich, wenn der Kachelofen einen innen mit Schamottesteinen ausgemauerten eisernen Einsatzkasten hat. Dadurch werden jedoch nicht die sonstigen Nachteile der Kachelofenheizung beseitigt.

Dauerbrandofen mit Regulierfüllung haben den Vorzug anhaltender Wärmelieferung, aber ohne die Nachteile des Kachelofens. Die Wärmequelle liegt bei ihnen wie beim gewöhnlichen eisernen Ofen hauptsächlich im Brennmaterial, nicht aber in der Ofenwandung wie beim Kachelofen. Der Brennstoff wird im Innern des Ofens derart angehäuft, daß er der Ofenaußenwandung nicht anliegt, so daß übermäßige Erhitzung derselben vermieden wird, im Gegensatz zum gewöhnlichen eisernen Ofen. Die Regelung der Wärmeproduktion geschieht durch Regelung der Verbrennung, indem der Feuerstelle mehr oder weniger Luft zugeführt wird. Als Brennstoff dient meist Anthrazit oder schlesischer Koks. Um die Wärmestrahlung möglichst auszuschließen, sind diese Öfen meist noch mit einem besonderen Mantel umgeben, entsprechend dem Ofenschirm beim gewöhnlichen Ofen. Zwischen diesem Mantel und dem Ofen steigt Zimmerluft oder von außen zugeführte Frisch-

luft aufwärts (vgl. Fig. 25). Dadurch wird der Ofen zunächst
dauernd etwas abgekühlt; gleichzeitig kann damit aber auch
Raumlüftung erzielt werden. Im einzelnen zeigen diese sogenannten
Mantelöfen noch Besonderheiten je nach dem Konstrukteur (Mei-
dinger; Wartstein; Lönholdt; Cadé; Suhrmann; von
Born; Kelling usw.). Es ist wenig zu empfehlen, die Frischluft bei derartiger Ofenheizung vom Korridor zu entnehmen, besonders dann, wenn sich die Kleiderablagen auf dem Flur befinden.
Zur Erhaltung sauberer Heizflächen muß der Mantel des Ofens
aufklappbar sein. Einen Ofen für zwei aneinanderstoßende Klassen
gemeinsam zu benutzen, ist unzweckmäßig, da doch das Wärmebedürfnis in beiden Klassen ganz verschieden sein kann. Die Verwendung der sogenannten Ofenklappe
ist für Unterrichtsräume natürlich ebenso
unzulässig wie für Wohnräume, denn durch
Schließen dieser Klappe bez. Schiebers im
Rauchabzugsrohr, kurz vor dessen Mündung in die Esse, wird zwar das Auskühlen
des Ofens verlangsamt, gleichzeitig werden
aber oft genug auch die Verbrennungsgase
am Abzug gehindert, treten ins Zimmer
über und können Anlaß werden zu ernsten
Kohlenoxydgasvergiftungen.   Ähnliches
kann eintreten, wenn die Verbrennung,

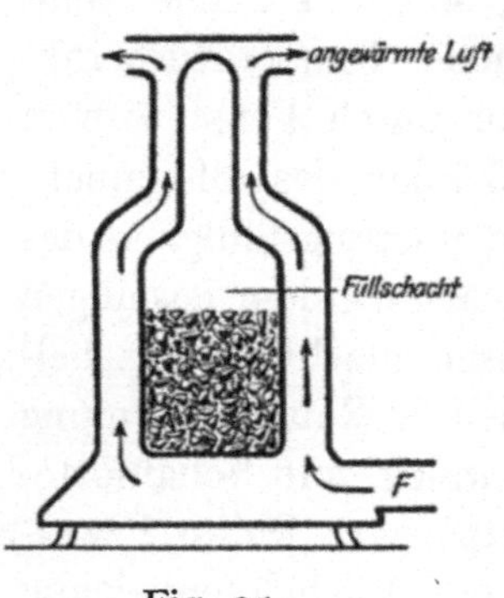

Fig. 25.

besonders in Dauerbrandöfen, derart schwach ist, daß die Esse
nicht mehr genügend erwärmt wird, so daß die Rauchgase mangelhaft abziehen und ins Zimmer zurückschlagen. Um bei mildem
Wetter dem Bedürfnis nach schwacher Ofenheizung entsprechen
zu können, empfiehlt es sich, statt eines großen Ofens zwei kleinere
aufzustellen; bei mildem Wetter würde nur einer, bei großer Kälte
zwei zu benutzen sein[1]).

Gasheizung. Noch vor einem Jahrzehnt erfreute sich der
Gasofen für Schulheizung warmer Empfehlung. In den letzten
Jahren haben aber eine ganze Reihe Orte die Gasheizungsanlagen
aus ihren Schulen als unwirtschaftlich wieder entfernt. An sich
sprechen Gründe genug für die Verwendung von Gasheizung in
Schulen, vor allem die große Bequemlichkeit der Bedienung,

---

[1]) Vorschlag von Reichenbach, Verhandlungsheft d. deutschen Vereins f. Schulgesundheitspfl. 1912, S. 48.

schnelle Regulierbarkeit, die Möglichkeit, den Heizkörper auch an der Fensterwand aufzustellen. Die Gasheizung läßt sich dem jeweiligen Wärmebedürfnis leicht anpassen, die Regelung kann auch automatisch erfolgen (z. B. System Böhm, Stuttgart; Kutzscher, Leipzig; Danneberg & Quandt, Berlin usw.). Ein wesentlicher Vorzug ist auch die Sauberkeit der Gasheizung, da Transport von Asche und Brennmaterial wegfällt. Der Gasofen nutzt besonders die strahlende Wärme der Flamme aus; die Wärmestrahlen werden

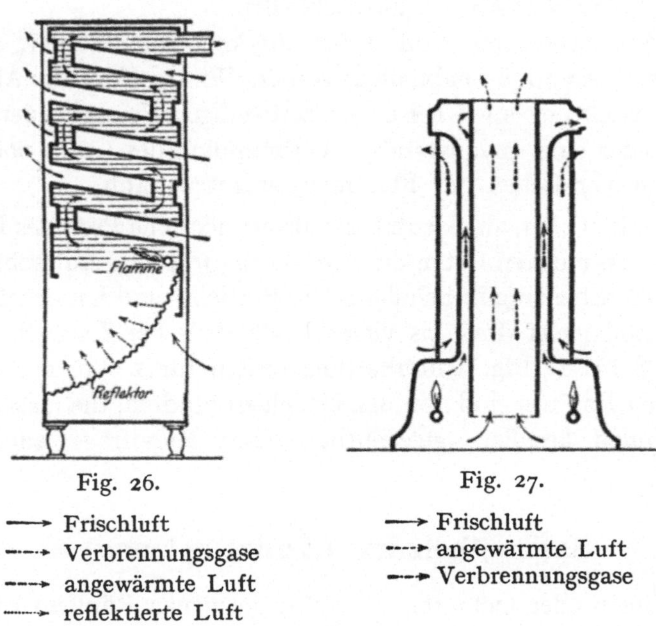

<table>
<tr><td>Fig. 26.</td><td>Fig. 27.</td></tr>
<tr><td>⟶ Frischluft
┄⟶ Verbrennungsgase
┄⟶ angewärmte Luft
┄⟶ reflektierte Luft</td><td>⟶ Frischluft
┄⟶ angewärmte Luft
┄⟶ Verbrennungsgase</td></tr>
</table>

entweder direkt in das Zimmer geworfen, reflektiert von einem Strahlschirm (Fig. 26), oder sie werden benutzt, um einen Mantel zu heizen, innerhalb dessen Luft erwärmt und aufwärts getrieben wird, z. B. Karlsruher Schulgasofen (Fig. 27). Der Brennraum des Gasofens muß bis auf die Öffnungen für Zuführung der zur Verbrennung nötigen Luft dicht geschlossen sein, damit weder Verbrennungsgase noch unverbranntes Gas in das Zimmer gelangen können. Die gute Abführung der Verbrennungsgase, nicht zum wenigsten der großen Wasserdampfmengen, die bei Gasverbrennung entstehen, ist die Hauptbedingung für einwandfreie Gasheizung. Explosionsgefahr ist bei gut konstruierten Öfen sehr gering, ausgeschlossen ist sie aber nicht, wenn durch Kohlensäureansammlung in schlecht ziehenden Schornsteinen, unachtsame Bedienung, Windstöße usw. die Zünd- oder auch die Brennerflammen verlöschen. Daher ist neben guter Beseitigung der Verbrennungsgase auch Schutz der Flamme gegen Windstöße sehr notwendig. Die **Heizkommission** des deutschen Vereins von Gas- und Wasserfachmännern hat für die Konstruktion und Installation von Gasheizöfen folgende Grundsätze aufgestellt[1]):

1. Gasheizofen sind an eine gut wirkende Einrichtung zur Abführung der Abgase anzuschließen.
2. Die Gasheizöfen sind derart zu konstruieren bzw. zu installieren, daß unabhängig von der Wirksamkeit der Abzugsvorrichtung auch bei einem zeitweiligen Versagen derselben weder eine unvollständige Verbrennung des Gases noch gar ein Verlöschen der Flammen eintreten kann.

Wie schon oben angedeutet, erschwert der hohe Preis des Brenngases in den meisten Orten die Einführung resp. die Aufrechterhaltung der Gasheizung in Schulen. Die Betriebs- und Unterhaltungskosten sind meist drei- bis viermal höher als bei Zentralheizung: 3,5 bis 8 bis 14 Pfg. Unterhaltungskosten für 1 cbm des zu beheizenden Raumes sind von den einzelnen Städten, die Gasheizung für Schulen besaßen, gelegentlich einer Rundfrage angegeben worden.

Sammelheizung (Zentralheizung).

In einem oder mehreren im Keller gelegenen Räumen wird die Wärme erzeugt und dann durch Luft, Dampf oder Wasser an den Ort des Wärmebedarfes geleitet. Die Zentralheizungen werden deshalb in Luftheizung, Dampfheizung und Wasserheizung eingeteilt.

Luftheizung.

Sie ist die älteste der Zentralheizungen und im wesentlichen weiter nichts als eine Lüftungsanlage mit Luftzuführung und Luftabführung, wie wir sie gelegentlich der „Lüftung" kennen gelernt haben. Nur hat die zugeführte Luft eine zum Heizen des betreffenden Raumes erforderliche hohe Temperatur. Was an früherer Stelle von Kanalführung, Kanalmündung, Beschaffenheit der Kanäle,

---

[1]) Nach **Dietz**, Ventilations- u. Heizungsanlagen 1909.

Luftentnahme usw. gesagt worden ist, gilt auch für die Luftheizung. Im Sommer läßt sich die Luftheizungsanlage, unter entsprechender Klappenregulierung der Kanäle, auch zu Lüftungszwecken benutzen. Sofern bei Luftheizung zur Bewegung der Luft nur der Wärmeauftrieb zu Gebote steht, soll die Ausströmungsöffnung im Zimmer ca. 2 m über dem Fußboden liegen. Der Kanalquerschnitt muß derartig sein, daß die Geschwindigkeit der einzuführenden warmen Luft 1 m/sek. nicht übersteigt. Je höher der

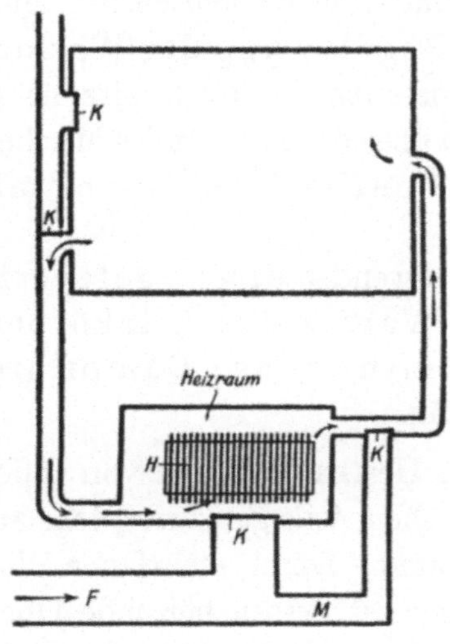

Fig. 28.

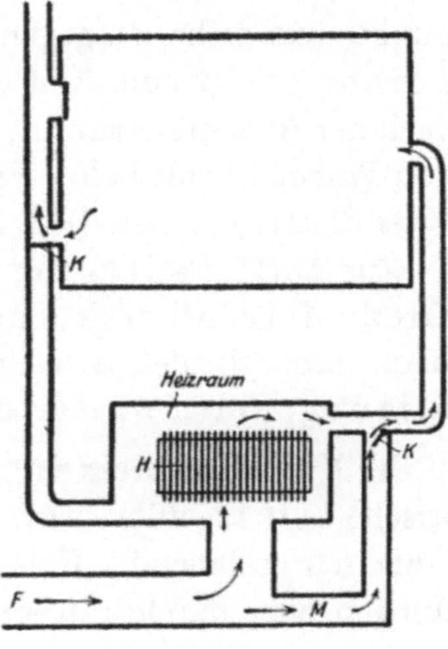

Fig. 29.

H = Heizanlage
K = Klappe
F = Frischluftkanal (geschlossen)
M = Mischluftkanal (geschlossen)

K = Klappe
F = Frischluftkanal (offen)
H = Heizanlage
M = Mischluftkanal (offen)

Kanal, um so kleiner also sein Querschnitt. Zur Luftabführung ist eine obere und eine untere Abluftkanalöffnung vorhanden; die obere dient nur für schnelle Entwärmung und zur Sommerventilation. Die warme Luft darf nicht mit mehr als 40° bis 50° C, am besten mit 30° C einströmen, und zwar stets in der Richtung nach der Decke, um Belästigung der zunächst sitzenden Kinder zu vermeiden. Beruht die Luftheizung darauf, daß die Luft warm dem Zimmer zugeführt, nach der Abkühlung aber ins Freie abgeleitet wird, spricht man von Ventilationsluftheizung. Meist besitzen die Luftheizungsanlagen auch noch Kanäle, um die abgekühlte Luft wieder zurück zur Zentralheizstelle zu führen:

Zirkulationsluftheizung (Fig. 28). Letztere Form der Luftheizung gestattet, die Räume der Schule schnell und unter geringer Anspannung der Heizung zu erwärmen, denn die von den Zimmern zurückkehrende Luft braucht zur Erreichung der erforderlichen Temperatur viel geringere Erwärmung als von außen zugeführte Frischluft. Für besetzte Räume ist aber eine derartige Zirkulationsheizung unzulässig, da sie die durch Gerüche usw. verschlechterte Luft immer wieder zurück in die Lehrzimmer bringt. Vor Besetzung der Lehrzimmer steht ihrer Anwendung vom hygienischen Standpunkte aus nichts entgegen. — Die **Regulierung der Wärmezufuhr** erfolgt zum Teil durch Anpassung der Lufterhitzung je nach der Außentemperatur, vor allem aber durch zentrales Mischen von Warmluft mit kalter Frischluft: **Ventilationsheizung mit Mischluftheizung** (Fig. 29).

Zur **Lufterwärmung** werden verwendet **direkt gefeuerte Öfen, Dampfheizkörper** oder **Warmwasserheizkörper**; man unterscheidet danach **Feuerluftheizung, Dampfluftheizung, Warmwasserluftheizung.**

a) **Feuerluftheizung:** In einer Heizkammer, der von außen frische Luft zugeführt wird, steht ein Ofen, teils gemauert, teils aus Gußeisen bestehend, „Kalorifer" genannt. Durch mehrfache Windungen oder durch aufgesetzte Rippen ist dessen heizende Oberfläche vergrößert. Damit nicht Heizgase sich der Luft der Heizkammer beimischen, erfolgt die Bedienung des Ofens von außerhalb der Heizkammer. Wände und Fußboden der Heizkammer, wie Oberfläche des Kalorifer müssen möglichst staubfrei sein. Um Staubversengungen zu vermeiden, soll die Oberflächentemperatur des Kalorifer nicht über 80° C betragen. Zur Befeuchtung der Luft, die nach dem Erwärmen ein hohes Sättigungsdefizit aufweist, dienen Wasserpfannen usw. auf den Heizkörpern. Überhitzung der Luft (über 100° C) und staubförmige Verunreinigung sind leider nicht zu selten anzutreffen.

b) **Dampfluftheizung, Warmwasserluftheizung.** Die Luft streicht an Heizflächen vorbei, die durch Dampf oder Warmwasser erwärmt werden. Als Heizflächen dienen:

glatte Röhren, von Dampf resp. Warmwasser durchlaufen oder umgeben, so daß die Luft außen herum oder im Rohrinnern vorbeistreicht.

Radiatoren, Heizkörper, die aus einer beliebigen Anzahl von gleichen „Elementen" zusammengesetzt sind (Fig. 30). Das Innere der Radiatoren-Elemente wird von Dampf oder Warm- resp. Heißwasser durchströmt. Für die Zwecke der Lufterwärmung werden meist zwei Radiatoren schräg gegeneinander gestellt.

Zur Beförderung der erwärmten Luft stehen, wie schon bei der Lüftung,

a) natürlicher Auftrieb,

b) Ventilatorbetrieb

zur Verfügung. Bei der Luftheizung durch den Wärmeauftrieb finden wir viele Schwächen wieder, die wir schon bei der Lüftung durch natürlichen Auftrieb kennen gelernt haben. Sie ist vor allem von Windeinflüssen sehr abhängig. Sowohl von der Frischluftentnahmestelle aus, wie an der Mündungsstelle der Abluft über Dach kann die Luftbewegung im Kanalsystem unter Einwirkung des Windes aufgehalten oder sogar umgekehrt werden. Ebenso kann analog den früher bei der Lüftung erwähnten Beispielen auch im Zimmer selbst durch Öffnen von Türen resp. Fenstern der Betrieb der Luftheizung gestört werden. Ventilatorbetrieb macht die Luftheizung unabhängiger von derartigen Einflüssen. — Ein Nachteil, der jeder Art von Luftheizung anhaftet, besteht darin, daß die heiße

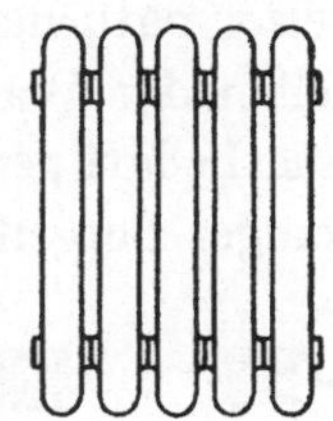

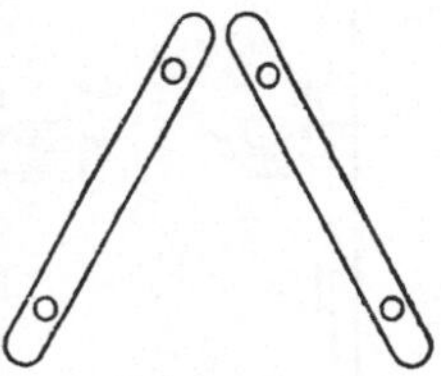

Fig. 30.

Luft sofort zur Decke strömt. Dadurch kommt es zu mangelhafter Temperaturverteilung im Raume, zu übermäßig hoher Lufttemperatur in Kopfhöhe der Kinder. Überdies liegen und münden die Warmluftkanäle aus technischen Gründen in der Innenwand des Zimmers, so daß ungünstige Luftströmungen entstehen, ähnlich denen, wie sie in Fig. 23 beschrieben sind. Zu diesen Nachteilen des Systems kommt nun noch eine Reihe schwerwiegender Mißstände, die mehr in mangelhafter Ausführung und Bedienung der Anlage ihre Ursache haben, aber leider bei Schulluftheizungsanlagen so häufig anzutreffen sind: Schmutzige, finstere Luftkammern, ebensolche Heizkammern; mangelhafter Abschluß derselben gegen den Keller; unsaubere, mangelhaft verputzte Kanäle, die außerdem wegen Klappen usw. für den reinigenden Besen schwer zugänglich sind.

Und kaum glaublich ist es, wie häufig der Schulhausmann, der meist gleichzeitig Schulheizer ist, die theoretisch beste Luftheizungsanlage in ihr Gegenteil verkehrt. Wo sachverständige, technische Aufsicht fehlt, fällt es dem Hausmann nicht schwer, die Luftheizung nach „eignem Systeme" umzumodeln. Zunächst wird Ventilationsheizung möglichst ausgeschaltet, zugunsten der Zirkulationsluftheizung, weil das — bequemer ist. Es braucht dann nicht so früh angeheizt zu werden, auch fällt das Regulieren nach Windanfall usw. weg. Werden die Zimmer nicht schnell genug warm, dann wird halt etwas kräftiger nachgelegt, mag der Ofen auch glühen. Die Wärmeregulierung für die einzelnen Zimmer gestaltet sich ein derartiger Heizer natürlich ebenso einfach, durch teilweises oder völliges Abstellen der Warmluftzufuhr. Ob damit auch dem sonstigen Lüftungsbedarf gedient ist, macht dem Hausmann resp. Heizer um so weniger Sorgen, da er davon ja meist gar nichts versteht. Automatische Feuchtigkeits- und Wärmeregulierung vermögen eine ganze Reihe derartiger Mißstände zu verhüten.

Dampfheizung. Wasserheizung.

Der durch Dampf- resp. Warm- oder Heißwasser von der Zentrale aus erwärmte Zimmerheizkörper heizt durch Leitung die Raumluft, durch Strahlung die umgebenden Wände und Gegenstände.

Dampfheizung (Fig. 31).

Je nach der Spannung, unter welcher der Dampf im Kessel erzeugt und zu Heizzwecken verwendet wird, unterscheidet man Hochdruck-, Niederdruck- oder Unterdruck-Dampfheizung. Für Schulen kommt nur die Niederdruckdampfheizung in Betracht.

Es wird bei ihr mit Dampfspannung von nicht mehr als 0,12 Atmosphären Überdruck im Kessel gearbeitet. Zur Verhinderung übermäßigen Druckes hat der Dampfkessel ein Standrohr, durch das im Notfalle der Dampf entweichen kann. Der Kesseldampfdruck, der von der Intensität der Feuerung abhängt, wird

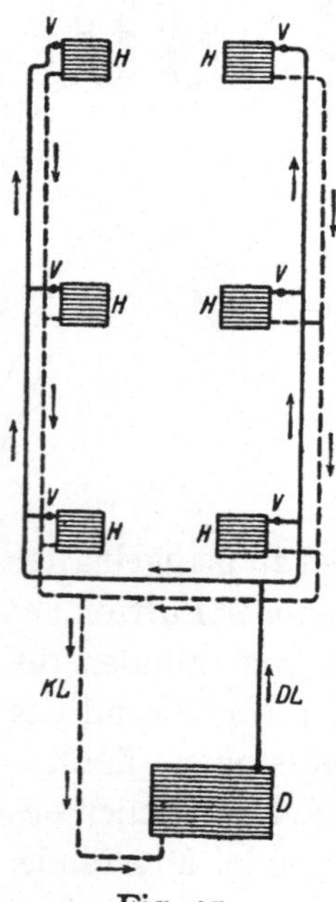

Fig. 31.

V = Regulierventil
D = Dampfkessel
H = Heizkörper
DL = Dampfleitung
KL = Kondens-
      wasserleitung

mit Hilfe eines selbsttätigen Feuerzugreglers konstant erhalten. Aus dem Kessel gelangt der Dampf durch das Steigrohr in die Dampfleitung und durch diese in die eisernen Zimmerheizkörper. Dort kondensiert er sich zu Wasser, das durch eine besondere Kondensleitung zum Kessel zurückgeführt wird. Tritt Dampf in die Kondensleitung über, entstehen störende schlagende, knatternde Geräusche in den Rohren. Die Dampfzuleitung muß daher derart reguliert sein, daß sämtlicher Dampf im Heizkörper kondensiert werden kann. Durch die Kondensation wird Wärme frei, die gemeinsam mit der Temperatur des eintretenden Dampfes die Heizkörperwandungen erhitzt. Wird zu wenig Dampf in den Heizkörper eingelassen, dann kondensiert er sich schon, ehe er den Heizkörper völlig durchlaufen hat; tritt der Dampf z. B. oben in den Heizkörper ein, dann würde nur der obere Teil desselben erwärmt werden, während der untere kalt bleibt (Fig. 32). Durch verschieden starke Füllung der Heizkörper mit Dampf läßt sich also die Heizfläche vergrößern oder verkleinern und dementsprechend die Wärmeproduktion regeln. Dabei kann der erwärmte Teil des Heizkörpers fast bis 100° C warm werden. Bei einigermaßen ausgedehnten Anlagen kann diese Regulierung der Dampfzuleitung nur am Heizkörper selbst vorgenommen werden,

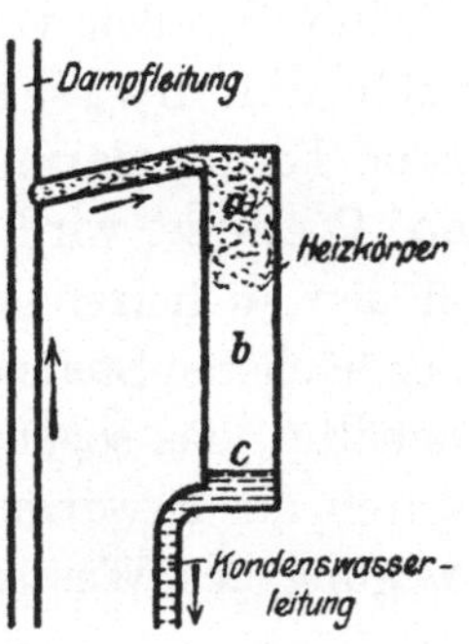

Fig. 32.
a erwärmter Teil des Heizkörpers
b nicht erwärmter Teil des Heizkörpers
c Kondenswasser

zentrale Regelung ergäbe besonders für die entfernt gelegenen Heizkörper einen zu großen Wirkungsunterschied wegen der stärkeren Abkühlung des Dampfes auf dem Wege vom Kessel zum Heizkörper. Die Regulierung des Dampfeinlasses am Heizkörper geschieht durch das Regulierventil, das am zweckmäßigsten mit einem automatischen Temperaturregler verbunden ist. Überhitzung der Heizkörper soll sich vermeiden lassen durch die Niederdruckdampfheizung mit Luftumwälzung. Das Prinzip dieser Heizart besteht darin, daß der Heizdampf im Heizkörper mit Luft gemischt wird. Je nach Mischung des Dampfes mit Luft soll sich die Dampftemperatur herabsetzen lassen; außerdem soll sich bei dem Luftumwälzungsverfahren eine gleichmäßige Durchwärmung des ganzen Heizkörpers erzielen lassen.

Nach Brabbée[1]) hat das Luftumwälzungsverfahren die ursprünglich gehegten Erwartungen nicht erfüllt.

Wasserheizung:

Ähnlich wie bei der Dampfheizung unterscheidet man:

Hochdruckwasserheizung mit Wassertemperaturen von 180° C und mehr,

Mitteldruckwasserheizung mit Wassertemperaturen bis etwa 120° C.

Niederdruckwasserheizung, mit Wassertemperaturen von nicht über 90° C im Kessel.

Für Schulen verwendet man nur die zuletzt genannte Form, auch Warmwasserheizung genannt. Das Prinzip dieser Heizung beruht darin, daß in einem Kessel Wasser auf ca. 30° bis 90° C erhitzt wird, dann durch eine Rohrleitung zu Heizkörpern in den zu heizenden Räumen und zurück zum Kessel läuft. An der höchsten Stelle des Rohrnetzes befindet sich ein offener Wasserbehälter, das sogenannte Expansionsgefäß, zum Ausgleich der durch die Erwärmung entstehenden Wasserausdehnung. Die Bewegung des Wassers in dem Rohrsystem kann erfolgen:

a) allein auf Grund der Unterschiede im spezifischen Gewicht des erwärmten und erkalteten Wassers in der Leitung (Schwerkraft-Warmwasserheizung),

b) Beschleunigung des Umlaufes durch Dampf, Druckluft, Überhitzung (Schnellumlaufheizung),

c) durch Einschalten einer Wasserpumpe in den Kreislauf des Wassers.

Die Verteilung des Warmwassers auf die einzelnen Heizkörper kann „von oben" und „von unten" erfolgen. Im ersteren Falle (Fig. 33), geht das Wasser in einem Steigrohr vom Kessel zunächst zum Expansionsgefäß, von dort durch das Verteilungsrohr in die Zuleitungsrohre für die Heizkörper; abgekühlt läuft es dann durch Fallrohre und Rücklaufrohre zum Kessel zurück. Bei der Verteilung „von unten" (Fig. 34) gelangt das Wasser von einem Verteilungsrohr in dem Keller oder Erdgeschoß direkt in eine Anzahl von Steigrohren, die für die Heizkörper Zu-

---

[1]) Brabbée, Verhandlungsheft d. 12. Jahresversammlung d. deutschen Vereins f. Schulgesundheitspflege 1912.

leitungsrohre abgeben. Die Rückleitung ist die gleiche wie bei der Verteilung „von oben". Das Expansionsgefäß liegt wieder an der höchsten Stelle.

Bei der Verteilung „von oben" läßt sich das besondere Rücklaufrohrsystem (Zweirohrsystem) sparen, wenn das aus dem

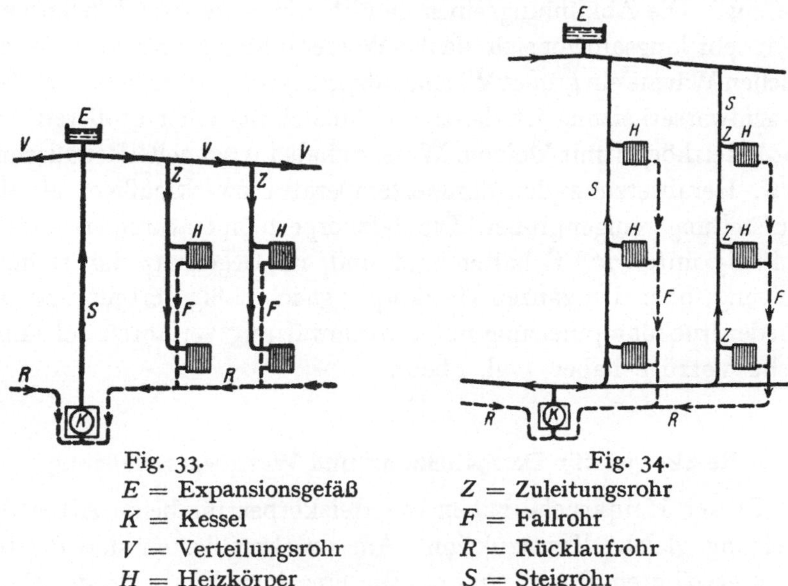

<table>
<tr><td>Fig. 33.</td><td>Fig. 34.</td></tr>
</table>

E = Expansionsgefäß	Z = Zuleitungsrohr
K = Kessel	F = Fallrohr
V = Verteilungsrohr	R = Rücklaufrohr
H = Heizkörper	S = Steigrohr

Heizkörper abfließende Wasser dem Zuleitungsrohr für den nächsten Heizkörper zugeführt wird: Einrohrsystem (Fig. 35). Die Temperatur, mit der das Wasser vom Kessel in die Leitung gegeben wird, läßt sich durch entsprechendes Heizen des Kessels ganz der Außenwitterung anpassen. Damit ist allerdings den Bedürfnissen entsprechende Raumerwärmung noch nicht gewährleistet, da die einzelnen von der Zentralwarmwasserheizung versorgten Schulräume ganz verschiedenes Wärmebedürfnis haben können, je nach Besonnung, Windanfall usw. Gewisse Zimmergruppen von gleicher Lage werden unter gleichen Witterungseinflüssen stehen und können daher zu gemeinsam regulierbaren Heizgruppen zusammen-

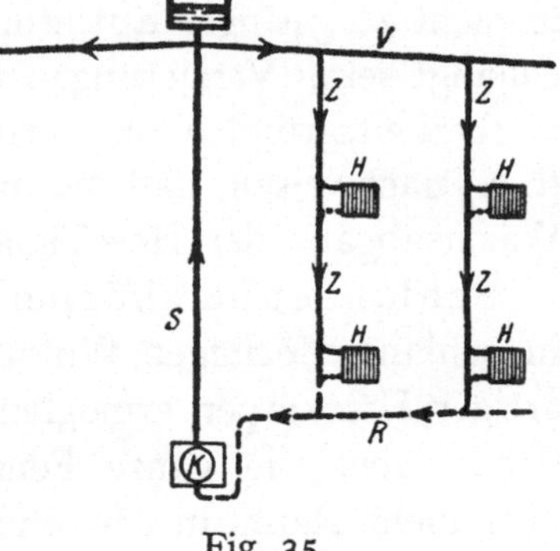

Fig. 35.

gefaßt werden. Den anderen Einflüssen auf die Zimmertemperatur, wie Raumbesetzung usw., wird aber nur örtliche Heizkörperregelung gerecht werden können. Daher ist auch bei der Warmwasserheizung Wärmeregulierungsvorrichtung an den Heizkörpern selbst erforderlich, und zwar verdient die automatisch arbeitende den Vorzug. Die Abkühlung eines gefüllten Warmwasser-Heizkörpers geht sehr langsam vor sich, da das Wasser infolge seiner hohen spezifischen Wärme ein großes Wärmeaufspeicherungsvermögen hat. Bei Warmwasserheizung ist daher die Aufstellung einer größeren Anzahl Heizkörper mit kleinem Wasserinhalt für schnelle Regulierung bzw. Herabsetzung der Zimmertemperatur zweckmäßiger als die Aufstellung weniger großer. Die Heizkörpertemperaturen lassen sich beliebig unter 70° C halten und sind, im Gegensatz zur Dampfheizung, über den ganzen Heizkörper gleichmäßig verteilt; nur die Niederdruckdampfheizung mit Luftumwälzungsverfahren soll ähnliche Vorzüge haben (vgl. oben).

Heizkörper für Dampfheizung und Warmwasserheizung.

In der Hauptsache haben die Heizkörper für beide Arten der Heizung gleiche Konstruktion. Am zweckmäßigsten sind die bereits erwähnten Radiatoren. Die einzelnen Elemente derselben dürfen nicht zu nahe aneinander gereiht sein, damit deren Reinigung nicht erschwert wird. Auch sollen sie, um nicht die Fußbodenreinigung zu behindern, nicht auf dem Fußboden stehen, sondern in nicht zu geringer Entfernung vom Fußboden an der Wand aufgehängt sein. Verzierungen und Verkleidungen sind ebenfalls aus Sauberkeitsgründen zu vermeiden. Außerdem konnte Brabbée (l. c.) nachweisen, daß die meisten der üblichen Verkleidungen die Wärmeabgabe der Heizfläche um 10—40% vermindern.

Schlangenheizkörper (Fig. 36) nennt man ein Rohr, das in schlangenförmigen Windungen hin und her geführt ist. Derartiger Heizkörper ermöglicht gleichmäßige Verteilung der Heizfläche über die ganze Fensterwand, nimmt in letzterem Falle aber mehr Raum in Anspruch als die Radiatoren, die in den Fensternischen aufgestellt werden können.

Rippenrohre (Fig. 37) sind Rohre, deren Oberfläche durch aufgesetzte Rippen vergrößert ist. Die Rippen sitzen meist derart eng aneinander, daß ihr Zwischenraum kaum oder nur mit Mühe gereinigt werden kann; sie sind dann für die Schulheizung nicht zu empfehlen.

Doppelrohrregister (Fig. 38) bestehen aus doppelwandigen Rohren, in deren Zwischenraum das Heizmedium kreist; im inne-

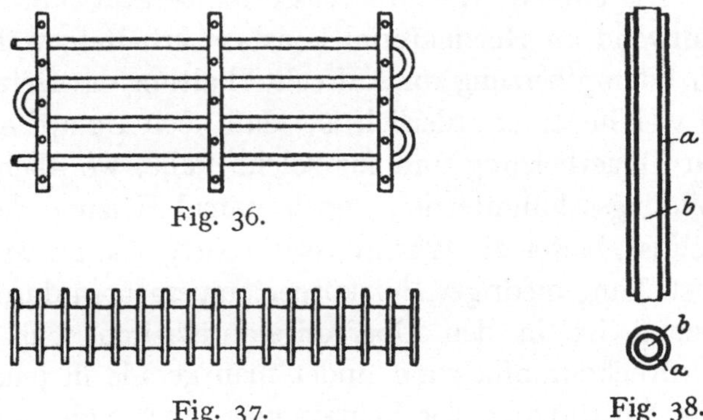

Fig. 36.

Fig. 37.

Fig. 38.

ren Hohlraum aber wird die Raumluft erwärmt. Für Schulen kommen derartige Heizkörper weniger in Betracht, da sie wegen ihrer Größenverhältnisse an der Fensterwand nur schwer untergebracht werden können.

Vergleich zwischen Warmwasserheizung und Niederdruckdampfheizung.

In der Anlage ist Niederdruckdampfheizung billiger als die Warmwasserheizung, da bei ihr die Rohrleitungen enger und die Heizkörper kleiner gewählt werden können. Ein weiterer Vorzug der Niederdruckdampfheizung besteht darin, daß die Heizkörpertemperatur schnell reguliert werden kann. Zentrale Regulierung der Raumerwärmung dem Wärmebedürfnis der einzelnen Zimmer entsprechend ist bei Niederdruckdampfheizung aber nicht möglich, im Gegensatz zur Warmwasserheizung, bei der wenigstens Gruppen von Zimmern zentral reguliert werden können. Als Ersatz für die örtliche Einstellung der Heizkörper durch die Hand des Heizers ist für beide Heizarten automatische Wärmeregulierung ein dringendes Erfordernis. Es lassen sich ganz beträchtliche Wärmemengen im Laufe der Zeit sparen, wenn stets rechtzeitig der Raumüberhitzung automatisch vorgebeugt wird. Nach Dietz (l. c.) beträgt die Wärmeersparnis unter gewissen Verhältnissen 10%, Brabbée gibt 15—20% an. Die kontinuierlich wirkenden automatischen Regler, wie der von Brabbée konstruierte, halten sich sowohl bei Dampf- wie bei Warmwasserheizung innerhalb von nur ganz geringen Fehlergrenzen. — Niedere Heiztemperaturen sind nur bei Warmwasserheizung möglich. Die einmal erreichte Wassertemperatur läßt sich ohne großen Aufwand an Heizmaterial konstant erhalten, während bei Niederdruckdampfheizung zur Aufrechterhaltung des Heizbetriebes immer so viel Feuer erforderlich ist, daß noch Dampf entwickelt wird. Für Dauerheizung und für solche Fälle, wo abends, z. B. für Fortbildungsschulunterricht, noch einmal Heizung der Räume erforderlich ist, bietet die Warmwasserheizung also große Vorzüge. Die Ermöglichung niedriger Heizkörpertemperaturen durch Warmwasserheizung ist in den Übergangsjahreszeiten sehr wertvoll. Bei Niederdruckdampfheizung findet man gerade in jenen Zeiten sehr häufig Überhitzung der Lehrzimmer. In Schulen mit kurzer Unterrichtszeit hat die Niederdruckdampfheizung wiederum gewisse Vorzüge, entsprechend den vorhergehenden Ausführungen. Die Entscheidung, ob Niederdruckdampfheizung oder Warmwasserheizung für eine Schule empfehlenswerter ist, richtet sich also auch nach den Anforderungen, die im einzelnen Falle an die Schulheizung gestellt werden. — Für die Schulverwaltungsräume ist es empfehlenswerter, neben der Zentralheizung noch örtliche Heizung durch Gasofen, Füllofen usw. vorzusehen, sobald diese Räume auch außerhalb der Unterrichtszeit (Ferien usw.) benutzt werden. Man braucht dann nicht wegen einzelner weniger Zimmer die ganze Zentralheizung in Betrieb zu setzen.

In modernen Schulheizungsanlagen steht die Niederdruckdampf- oder Warmwasserheizung in enger Verbindung mit der Ventilationsanlage. Es wird im Winter die Lüftung zu einer Art Luftheizung, indem die Luft vorgewärmt in die Klassen befördert wird. Dadurch kann die Wirkung der örtlichen Heizkörper ergänzt und bei nicht zu hohem Wärmebedarf sogar ersetzt werden, besonders nachdem die Zimmer durch die örtlichen Heizkörper bereits erwärmt worden sind. Die Verbindung von Lüftung und örtlicher Heizung empfiehlt sich für Lehrzimmer besonders auch wegen des häufigen und schnellen Wechsels im Wärmebedarf. Keine örtliche Heizung kann sich so plötzlich dem veränderten Heizbedürfnis anpassen, mit Hilfe der Lüftung lassen sich aber schnell sowohl fehlende Wärmemengen zuführen als überschüssige beseitigen. Durch die Zirkulationslüftung kann nachts über zu starke Auskühlung der Räume verhindert werden. Ist nur Fensterlüftung vorgesehen, dann werden die örtlichen Heizkörper entsprechend groß sein müssen, um etwaigen Abfall der Zimmertemperatur nach dem Lüften schnell wieder auszugleichen.

Anlage- und Betriebskosten.

Im technischen Gemeindeblatt 1911 hat Arnoldt für Ofenheizung und Zentralheizung vergleichende Berechnungen aufgestellt. Er bezog nach dem Beispiele von Uhlig, Dortmund, die Kosten auf Nutzeinheiten der Schulgebäude, wobei ein Klassenzimmer von 250 cbm Inhalt gleich einer Nutzeinheit gerechnet wurde; für die übrigen Räume, soweit sie wie die Klassenzimmer zu beheizen waren, wurden Verhältniszahlen entsprechend deren Größe eingesetzt. Die Anlagekosten für Heizung der Flure, Treppenräume usw., die nur auf $+ 10°$ C erwärmt werden, waren in die Sätze für die Nutzeinheiten mit eingerechnet.

Anlagekosten pro Nutzeinheit
bei Ofenheizung, gleichgültig ob Doppelfenster oder einfache Fenster vorhanden sind. . . . . Mk. 250,—
   bei Niederdruckdampfheizung, mit Doppelfenstern ,,   800,—
   bei Niederdruckdampfheizung, ohne Doppelfenster ,,   900,—
   bei Niederdruckwarmwasserheizung mit Doppelf. ,, 1000,—
   bei Niederdruckwarmwasserheizung ohne Doppelf. ,, 1150,—
Die Mehrkosten für künstliche Lüftung pro Nutzeinheit
   bei Niederdruckdampfheizung . . . . ,,   200,—
   bei Warmwasserheizung . . . . ,,   250,—
Die Mehrkosten der Doppelfenster gegen einfache
   Fenster . . . . ,,   250,—

Der Brennstoffverbrauch ist bei Zentralheizung bedeutend geringer als bei Ofenheizung! — Auch war in Dortmund, wo Arnoldt seine Berechnungen angestellt hat, der Einheitspreis der für die Ofenheizung zu verwendenden Steinkohle (Magernuß II) erheblich höher als derjenige des für die Zentralheizung verwendeten Gaskokses.

Pro 100 cbm beheizten Raumes wurden jährlich gebraucht:
bei Ofenheizung und einfachen Fenstern 14 t Kohlen Mk. 290,—
bei Ofenheizung und Doppelfenstern . . 11,9 t ,,   ,, 250,—
bei Niederdruckdampfheizung, einfache
   Fenster . . . . 10,5 t Koks ,, 170,—

bei Niederdruckdampfheizung, Doppelf. 8,9 t Koks Mk. 150,—
bei Warmwasserheizung, einfache Fenster 8,4 t ,,   ,, 141,—
bei Warmwasserheizung, Doppelfenster 7,1 t ,,   ,, 120,—

Die Brennstoffkosten betrugen also bei Ofenheizung das 1,65fache derjenigen bei Niederdruckdampfheizung. Bei Warmwasserheizung ergab sich eine Brennstoffersparnis von 20% gegen Niederdruckdampfheizung. Der Mehrbedarf an Brennstoff für künstliche Lüftung belief sich jährl. auf 0,5 t Koks = 8,4 Mk. pro 100 cbm beheizten Raumes.

Arnoldt stellte ferner fest, daß den bei der Zentralheizung höheren Kosten für Verzinsung und Tilgung des Anlagekapitales bei der Ofenheizung bedeutend höhere Kosten für Reparatur, Brennmaterial und Bedienung gegenüberstehen. Unter Berücksichtigung der Verzinsung und Tilgung des Anlagekapitales ergab sich in den jährlichen Betriebskosten der Ofenheizung sogar eine Differenz von 9,1% zu gunsten der Zentraldampfheizung. Läßt man Verzinsung und Tilgung des Anlagekapitales außer Anrechnung so erhält man einen noch höheren Betrag zugunsten der Zentralheizung, ca. 40% der jährlichen Betriebskosten der Ofenheizung.

Zum Vergleich sei noch die Kostenberechnung von Novotny[1]) angeführt:

Zentralheizung:

Raummaß der beheizten Räume   88 160 cbm

Verfeuertes Kohlenquantum im
   Mittel 367 500 kg . . . . 9 555 Kr.

pro 1 cbm Luftraum 4,2 kg

Brennholz 35 cbm . . . . 280 ,,

Löhne für einen Heizer, zwei Gehilfen 1 860 ,,

Instandhaltungskosten . . . . . . 1 184 ,,

                 Summa: 12 879 Kr. = 14,5 h pro 1 cbm

Ofenheizung:

Raummaß der beheizten Räume   18 930 cbm (136 Öfen).

Verfeuertes Kohlenquantum im
   Mittel 170 000 kg . . . . . . 4 080 Kr.

pro 1 cbm Luftraum 9 kg

Brennholz 75 cbm . . . . 600 ,,

Löhne für 8 Heizer . . . . 3 456 ,,

Instandhaltungskosten . . . . . 2 075 ,,

                 Summa: 10 211 Kr. = 53,4 h pro 1 cbm

[1]) Österr. Wochenschr. f. d. öffentl. Baudienst, Wien 1902, Heft 2.

Nach diesen Berechnungen ist der Betrieb bei der Ofenheizung viermal teurer als bei Zentralheizung. — Beide Aufstellungen führen zu dem Ergebnis, daß die Zentralheizung der Ofenheizung aus ökonomischen Gründen ganz entschieden vorzuziehen ist. Durch mangelhafte Anlage, nachlässige oder fehlerhafte Bedienung können allerdings die wirtschaftlichen wie hygienischen Vorzüge der Zentralheizung völlig aufgehoben werden. Deshalb ist es notwendig, daß der Heizer mit der Anlage völlig vertraut ist, ebenso müssen auch die Lehrer entsprechend aufgeklärt sein, da auch von ihnen durch verkehrte Eingriffe der Heizungsbetrieb sehr gestört werden kann. Ferner ist der Heizer wie die Heizungsanlage dauernd zu kontrollieren.

Sonstige Einflüsse auf Temperatur der Schulräume.

Doppelfenster.

Wie Arnoldts Aufstellung zeigt, können durch Doppelfenster wesentliche Ersparnisse am Brennstoffverbrauch erzielt werden. Auch an Anlagekosten der Heizung lassen sich 10—15% ersparen, sobald Doppelfenster vorgesehen sind, entsprechend der geringeren Zimmerauskühlung. Durch diese Ersparnisse kann der Mehrpreis für Beschaffung von Doppelfenstern bald ausgeglichen werden. Behinderung von Zugerscheinungen, Eindringen von Staub, Ruß usw. sind weitere Vorzüge, die sehr für die Verwendung von Doppelfenstern sprechen. Mit gleichem Erfolge lassen sich auch doppelt verglaste, einfache Fenster verwenden, die zwischen den beiden Glasscheiben eine Luftschicht haben. Für Schulen sind diese Art Fenster sogar zweckmäßiger als die Doppelfenster, vorausgesetzt, daß sie gut abgedichtet sind, denn sie erschweren nicht derartig das Öffnen der Fenster wie die Doppelfenster. Auch im Interesse der Saubererhaltung und Wirkung auf die Zimmerbelichtung verdienen sie den Vorzug, da eben nur 2 statt 4 Fensterflächen zu säubern sind.

Wände. Fußböden.

Große Mengen Wärme können durch ungeeignete Beschaffenheit von Wänden und Fußboden absorbiert werden. Besonders nachteilig wirken feuchte oder übermäßig starke Mauern. Holzverschalungen der inneren Wandflächen oder Einschaltung einer

Luftschicht im Mauerwerk geben guten Schutz gegen Wärmeverlust durch Strahlung. Man hat auch verschiedenfach direkte Heizung der Außenwände versucht, indem durch Heizkörper, Gas oder Luftheizung ein Raum innerhalb der Mauer erwärmt wurde. Abgesehen von der Kostspieligkeit ist diese Art Heizung schon deswegen kaum zu empfehlen, weil die im Mauerwerk aufgespeicherten Wärmemengen nur schwer regulierbar sind.

Wohlbehagen und Leistungsfähigkeit der stillsitzenden Kinder können sehr unter kalten Füßen leiden. Gegen kalten Fußboden kann die Heizung kaum Besserung bringen, wenn der Fußboden selbst ungeeignet ist, vor allem, wenn sich unter gut leitendem Fußboden ein ungeheizter Raum befindet. Terrazzo, Magnesiazement sind dort als Schulzimmerfußboden wegen der starken Wärmeleitung wenig zu empfehlen; bei Verwendung von Linoleum ist Korkunterlage erforderlich, für Holzfußboden eine Unterschicht von Kieselgur oder ähnlichem. Liegen aber dauernd geheizte Räume übereinander, ist es nur von Vorteil, wenn Zwischendecke und Fußboden gute Wärmeleiter sind. Die Ansichten über das Wärmeleitungsvermögen des Linoleums waren noch bis vor kurzem sehr geteilt. Hoffmann[1]) hat durch Versuche festgestellt, daß Linoleum zu den guten Wärmeleitern gehört, im Gegensatz zum Holzfußboden. — Am zweckmäßigsten ist es, wenn die Füße der sitzenden Kinder auf gerillten Fußbrettern ruhen; das Holz und die Luftschicht unter dem Brett wirken dann als Wärmeschutz für die Füße.

Lage des Schulgebäudes.

Sonnenschein, soviel als möglich für jedes Lehrzimmer, das müßte in erster Linie bestimmend sein für die Orientierung des Schulgebäudes, so wird vielfach verlangt. Und kommt man dann in die Lehrzimmer hinein, findet man jeden Sonnenstrahl durch die Vorhänge, jene lästigen Staubfänger, abgeblendet. Der Vorzug großer Lichtfülle bei Sonnenlage ist damit natürlich hinfällig geworden; fast unvermindert bleibt aber die wärmende Wirkung direkter Sonnenbestrahlung. Die Luftschicht zwischen Fenster und vorgezogenem Vorhang wird intensiv erwärmt, steigt nach der Decke und zieht von unten neue Luftschichten nach. Auch das Mauerwerk speichert große Wärmemengen auf, wenn es stunden-

---

[1]) Archiv f. Hyg. Bd. 68.

lang der Sonnenbestrahlung ausgesetzt ist. Wie häufig folgt im Winter und besonders auch in den Übergangszeiten auf kühlen Morgen warmer Sonnenschein. Kann die Heizung diesem Wechsel der Außentemperatur nicht schnell folgen, dann kommt es zur Zimmerüberhitzung mit allen ihren Nachteilen. Deshalb ist Sonnenlage für Lehrzimmer keinesfalls als vorteilhaft zu bezeichnen; besser ist bei Vormittagsunterricht die Westlage für die Zimmer und die Ostlage für die Flure. Schulgebäude, die vor- und nachmittags besetzt sind, sollen Nordost- oder Nordwestlage erhalten. Reine Nordlage, wie Erismann und Gruber auf dem ersten internationalen Kongreß für Schulhygiene vorschlugen, ist für Lehrzimmer nicht so zweckmäßig, da die nach Norden gelegenen Räume zu einer Zeit, wo die Temperatur der Außenluft ein Heizen der Zimmer im allgemeinen nicht mehr erforderlich macht, noch recht kalte Außenwände haben können. In solchen Zimmern leiden die an der Wand sitzenden Kinder empfindlich unter stärkerem Wärmeverlust durch Strahlung.

Autorenverzeichnis.

Sachverzeichnis.